応用生命科学シリーズ ②
細胞工学の基礎

永井和夫・冨田房男・長田敏行 著

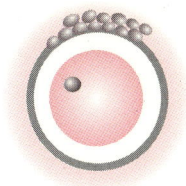

東京化学同人

序

　生命科学は，それぞれ生物学，物理学，化学の面から明らかにされた生物のもつ特質に関する研究成果を総合するとともにその意義を考え，さらにヒトとのかかわりを理解するための学問分野である．

　かつて，生命現象には単なる物質を超えた原理が働いているのではないかと考えられたときもあった．それは，すべての物質は時間とともに変化し分解する方向に進むのに対し，生命はいわば無から始まって有形の個体となりさらには増殖する，という常識を超えた面があったからであろう．20世紀半ばから生命現象を物理化学的に解明しようとする分子生物学が勃興し，生物のもつ基本的な性質である遺伝現象，遺伝子の実体，遺伝子機能の発現，代謝などの原理が明らかにされ，すべての生物に共通な仕組みと，種ごとに見られる微妙な相違についても理解が進んだ．その結果現代では，それまで努力と，経験と，幸運に任せて行われてきた生物の利用，たとえば作物や家畜の品種改良，医薬品の開発，病気の治療などをより理論的に説明し，判断し，適切に進めることができる段階に近づきつつある．同じ原理は，限られた地球の資源をより有効に利用したり，増えすぎた人類の生活を自然との折合いをはかりながら維持するためにも，重要な手がかりを与えてくれるに違いない．

　本"応用生命科学シリーズ"は，大学・研究機関などに所属する現場の研究者が中心となって，上に述べた生命科学の発展の過程で明らかにされた事実を整理するとともに，ヒトの生活とのかかわりあいでどのように理解し，未来を明るいものにするためにいかに応用すべきであると考えているかを述べたものである．特に，この領域は研究の進歩があまりに急速であったために，研究の成果や開発された技術の結果としてつくられた製品，たとえば遺伝子組換えの原理やその技術を利用した新しい医薬品，医療，食品などに関して必ずしも正しくない情報がひとり歩きしていたり，不安感をもたれたりしている面がある．このような現状をふまえて，将来直接この分野にかかわりをもたないと思われる方々にも要点を正しく理解して

いただけるように解説した第1巻"応用生命科学の基礎"から，第9巻"生命情報工学"のように専門性の高い領域に焦点を絞って解説したものまで，幅広く取りそろえることにより読者の便宜をはかったつもりである．高校，高専，専門学校，大学教養課程から専門課程の学生諸君，大学院生から技術者，研究者にいたる多くの読者のみなさんにこの意図をくんでいただければ幸いである．

2002年 2月

応用生命科学シリーズ 編集代表

永 井 和 夫

まえがき

すべての生物は細胞からなり，細胞のレベルで考えると微生物も，高等動・植物も共通の概念で取扱うことができる面が多い．大腸菌とそれに感染するファージを用いて大きな進展をみせた分子生物学の成果で，遺伝情報がDNAにあり，その情報はRNAに転写された後にリボソームを場としたシステムにより遺伝情報の産物であるタンパク質へと翻訳され，合成されたタンパク質が細胞の構造を支えたり代謝機能を発揮したりすることにより生命の維持に寄与し，遺伝情報の複製を行うことにより次世代の形成にあずかることが理解されるようになった．このいわゆるセントラルドグマは，高等動・植物細胞を対象とした検証を経て，より複雑な遺伝情報の存在形態，転写調節機構，タンパク質の成熟過程の解明に至った．また，培養技術の工夫によって微生物のみでなく，高等動・植物についても細胞レベルでの培養が可能となり，細胞の産生する酵素，ホルモンなどのタンパク質や生理活性物質の生産が行われるようになった．さらには，1個の細胞を起源として個体を形成させる技術も開発されて，いわゆるクローン個体の作出が高等植物のみならず，高等動物においてもできるようになった．他方，遺伝情報のあり方と発現の調節機構が解明されたことから，細胞レベルでの遺伝子の人為的な授受あるいは改変が可能となった．その結果として，遺伝子を改変した高等動・植物個体の作出例も数多く報告され，あるものは商品化されて消費者のもとに届けられている．

以上のような経過は特に最近10年ほどの間に急速な進展がみられたもので，その成果は，医薬，食品，環境を含むわれわれの生活と密着した領域で実用化されてきた．その結果，天然に存在する生物あるいはその生物の自然現象を利用した改良個体に由来した生産物とは一味違う個体や生産物が出現することにもなった．このことは，医療，食糧供給，環境形成の面で新たな可能性をもたらす契機となったが，また反面，安全性の面などにおいて不安感をもたれる原因ともなっている．

本書は，微生物，植物，動物に広がるバイオテクノロジーの現状を細胞

という視点から述べたものである．遺伝情報とその発現調節機構についての記述は必要最小限にとどめ，細胞の取扱いの特徴，細胞工学的技術，応用例と問題点およびその解決のされ方などについての記載を多くすることにより，この分野に興味を抱いている専門学校生，大学1・2年生への入門書として，また，広く一般の方々にバイオテクノロジーの現状を理解する一助として活用いただけるよう務めた．これらの内容が，細胞工学への新たな可能性への期待と，成果に対する不安感の解消につながれば，筆者としてはこの上ない喜びである．

　本書の編集に際し，貴重な資料の提供ならびに転載を許可された関連の先生方に深謝いたします．

2004年　5月

永　井　和　夫
冨　田　房　男
長　田　敏　行

目　　次

1章　個体と細胞 ……………………………………………………永井和夫…1
1・1　生命の最小構成単位としての細胞 …………………………………………1
1・2　単細胞と多細胞 …………………………………………………………………3
1・3　細胞の構造と機能 ………………………………………………………………5
1・4　細胞の培養 ………………………………………………………………………7
　　1・4・1　培地の適正化 …………………………………………………………7
　　1・4・2　操作と培養 ……………………………………………………………9
1・5　細胞のもつ遺伝情報と機能発現 ……………………………………………11
　　1・5・1　セントラルドグマ …………………………………………………11
　　1・5・2　遺伝子の構造と転写 ………………………………………………12
　　1・5・3　タンパク質の成熟と機能発現 ……………………………………17
1・6　細胞工学に用いられる技術 …………………………………………………17
　　1・6・1　突然変異 ……………………………………………………………17
　　1・6・2　遺伝子組換え ………………………………………………………20
　　1・6・3　細胞融合 ……………………………………………………………27

2章　微生物工学 ……………………………………………………冨田房男…29
2・1　微生物とはどんな生き物か …………………………………………………29
　　2・1・1　微生物の種類と分類学的位置 ……………………………………29
　　2・1・2　微生物のすみか ……………………………………………………31
2・2　微生物による物質生産の基本原理 …………………………………………31
　　2・2・1　優良生産菌の探索と育種の基礎 …………………………………32
　　2・2・2　変異株の造成と選抜による育種の例 ……………………………32
2・3　代謝制御の基礎 ………………………………………………………………35
2・4　代謝工学の基本 ………………………………………………………………37

- 2・5 発酵生産の例示 ……………………………………………………… 37
  - 2・5・1 グルタミン酸発酵 ……………………………………………… 37
  - 2・5・2 リシン発酵 ……………………………………………………… 42
  - 2・5・3 抗生物質発酵 …………………………………………………… 43
  - 2・5・4 ピルビン酸発酵 ………………………………………………… 46
  - 2・5・5 トリプトファン発酵 …………………………………………… 49
- 2・6 スケールアップの考え方の基本 …………………………………… 51
- 2・7 微生物による環境浄化の基礎 ……………………………………… 52
  - 2・7・1 廃水処理 ………………………………………………………… 52
  - 2・7・2 コンポスト化（堆肥化） ……………………………………… 54
  - 2・7・3 バイオレメディエーション（微生物修復） ………………… 56
- 2・8 グリーンケミストリーの可能性 …………………………………… 58
  - 2・8・1 グリーン化学原料――再生可能資源（バイオマス）の利用 …… 58
  - 2・8・2 グリーン化学製品 ……………………………………………… 59
- 2・9 社会微生物学の基礎 ………………………………………………… 62
  - 2・9・1 微生物による物質循環 ………………………………………… 63
  - 2・9・2 ヒトと微生物の関係 …………………………………………… 65
  - 2・9・3 共生微生物 ……………………………………………………… 66
  - 2・9・4 微生物のリスク評価 …………………………………………… 66

3章 植物工学 ……………………………………………… 長田 敏行 … 69

- 3・1 形質転換法 …………………………………………………………… 72
  - 3・1・1 直接導入法 ……………………………………………………… 72
  - 3・1・2 根頭がん腫病菌を利用した形質転換 ………………………… 72
- 3・2 分化全能性とその応用 ……………………………………………… 82
  - 3・2・1 植物細胞組織培養の基礎 ……………………………………… 82
  - 3・2・2 分化全能性 ……………………………………………………… 84
  - 3・2・3 プロトプラストと細胞融合 …………………………………… 88
- 3・3 ストレス耐性，耐病・耐虫性植物の原理とその実際 …………… 92
  - 3・3・1 環境ストレスと環境耐性植物の育成 ………………………… 94
  - 3・3・2 除草剤抵抗性の付与と耐病性・耐虫性の付与 ……………… 103
- 3・4 植物ゲノムプロジェクトと植物工学の展望 ……………………… 120
  - 3・4・1 モデル植物としてのシロイヌナズナ ………………………… 120
  - 3・4・2 シロイヌナズナゲノムプロジェクト ………………………… 121

3・4・3 ゲノミクスと植物工学の近未来像 ……………………125
3・4・4 イネゲノムプロジェクト ………………………………125
3・4・5 ミヤコグサ，アルファルファゲノムプロジェクト ……127
3・5 人類の未来を支える植物工学 ……………………………………128
3・5・1 将来への展望 ……………………………………………128
3・5・2 植物工学への課題 ………………………………………129

4章 動物工学 …………………………………………永井和夫…133
4・1 動物細胞の特性 ……………………………………………………133
4・1・1 動物細胞の調製 …………………………………………134
4・1・2 動物細胞の培養 …………………………………………139
4・2 動物細胞の利用 ……………………………………………………145
4・2・1 培養細胞を用いた生理活性物質の探索 ………………146
4・2・2 培養細胞を用いた有用物質生産 ………………………152
4・3 個体の形成と遺伝子の改変 ………………………………………159
4・3・1 動物における個体の形成 ………………………………160
4・3・2 キメラ個体の形成 ………………………………………161
4・3・3 胚性幹細胞 ………………………………………………162
4・3・4 体細胞を用いたクローン形成 …………………………164
4・3・5 遺伝子導入（トランスジェニック）個体の形成 ………168
4・3・6 遺伝子導入個体による有用物質生産 …………………172
4・4 再生医療 ……………………………………………………………175
4・4・1 カプセルを用いた埋め込み型人工臓器 ………………175
4・4・2 異種動物由来の臓器移植 ………………………………179
4・4・3 体外人工臓器 ……………………………………………180
4・4・4 胚性幹細胞を用いた器官の再生 ………………………181
4・4・5 組織幹細胞を用いた再生医療 …………………………183
4・4・6 遺伝子治療 ………………………………………………185
4・4・7 再生医療と生命倫理 ……………………………………186

索　引 ……………………………………………………………………190

1

個体と細胞

1・1 生命の最小構成単位としての細胞

　ヒトの体は60兆個の細胞からなっているといわれる．1個の受精卵が分裂，増殖，分化することによって生みだされた各細胞が発現した機能の総合により1個体が形成されているのである．すなわち，生命を構成する最小の単位は**細胞**である．
　生物がこのような単位構造体からできていることを最初に認めたのは17世紀の中ごろ，R. Hookeである．自作の顕微鏡を用いてコルクの切片を観察したところ，

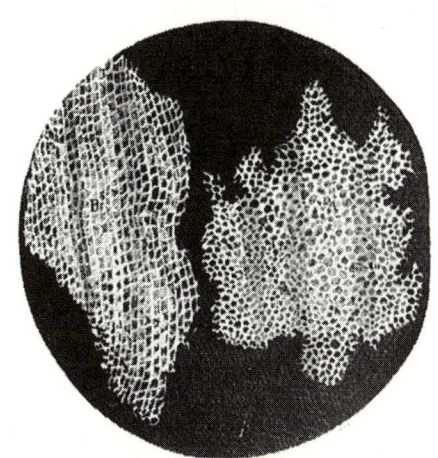

図 1・1　R. Hooke が 1665 年に *Micrographia* に発表したコルク切片の顕微鏡観察像

小部屋のような構造が認められた（図1・1）ので，これを修道僧が過ごす小部屋を意味する"cell"と命名した．そのしばらく後17世紀の後半にオランダの呉服商

であった A. van Leeuwenhoek が，自分で磨いた単眼のレンズを装着した顕微鏡（図 1・2）で雨水，膿，歯垢，血液，体液，昆虫など，身辺にある数多くの試料に

図 1・2　A. van Leeuwenhoek 自作の顕微鏡．丸い部分にビーズ状のレンズがはめ込んである．試料はレンズの手前にある針の上に載せ，二つのネジで上下，前後に移動し焦点を合わせる．裏側からのぞくことにより観察する．

ついて観察し，各種の微生物，赤血球，精子（図 1・3）などの精巧な写生図を残している．

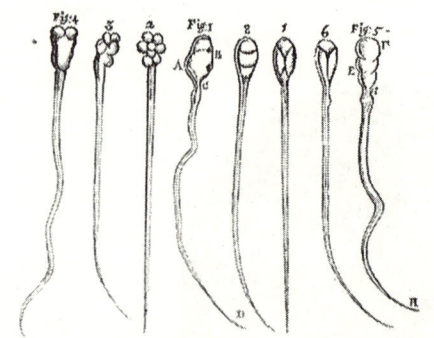

図 1・3　A. van Leeuwenhoek が報告した精子像

その後の顕微鏡の改良や，染色法の開発により細胞の微細構造についての観察が可能になり，1838 年には M. J. Schleiden が植物について，また T. Schwann が動物について，"すべての生物は細胞からなり，細胞が生物の構造および機能の単位である"ことを主張した．そして，1858 年には R. Virchow が"おのおのの細胞は独立した存在であり，すべての細胞は細胞から生じる"ことを提唱し，細胞説が成立

したのである．同じころフランスの L. Pasteur はみずから開発したフラスコ（図1・4）を用いて生物の自然発生を否定し，微生物も微生物から生じることを実験的

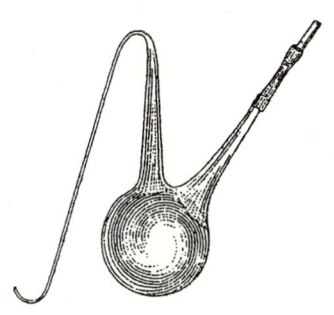

図 1・4　L. Pasteur が自然発生説の否定に用いた白鳥の首型フラスコ（改良型）．このフラスコに肉汁を入れ煮沸する．まず右のゴム管のついたガラス管から蒸気が噴出するが，それを閉じると左の細管から蒸気が出る．その後静かにフラスコを室温まで冷却し放置しても肉汁は濁らない．ゴム管部分を開放するとやがて濁ってくる．Pasteur が微生物の自然発生を否定した初期の実験で用いたフラスコには，この図のゴムのついた管はなかった．この部分をつけることにより，のちにワインやビール中の特定の微生物を植え付けることができるようになった．

に証明した．すなわち肉眼で見えないような微小な生物もやはり細胞でできているのである．

1・2　単細胞と多細胞

　生物には，細菌や酵母，原生動物のように一つの細胞で個体を形成しているものがあり，これを**単細胞生物**という．また，単細胞の個体から分裂や出芽により生まれた新個体が離れずに集合体として生活するようになったものを**群体**という．これがさらに進むと，単細胞が集合して互いに機能分担をするようになる．群体の中に卵子や精子を形成する細胞が出現したボルボックスはその例である．この機能分担が一段と進化したものが，私たちの身の回りで目に入る多くの生物すなわち高等動・植物で，個体を構成する細胞が高度に分業化し組織，器官などを形成するとともに特定の機能のみを発揮するようになる．このように個体が数多くの細胞からなるものを**多細胞生物**という．

　単細胞生物の場合は，細胞の特性すなわち個体の特性であるから，ある特徴を備

えた細胞が調製できれば適当な条件で培養することにより，その個体を必要なだけ増やすことができる．したがって，細菌や酵母を対象とする細胞工学的な取扱いは，細胞にどのような操作を加えるか，数多くの細胞のなかから目的とする変異あるいは特性を備えた細胞をいかに効率よく選択するか，さらに得られた細胞の特性をいかにうまく発現させるかというところに創意と工夫が要求される．これらの例は，第2章"微生物工学"に見られるであろう．

高等動・植物のような多細胞生物を対象とする場合は，動物の血液やリンパ液中の細胞，植物の花粉などのように個々の細胞が分離独立して存在しているものは別として，組織や器官の一部を構成し特定の機能のみを発現するように分化した細胞を取扱うことになることが多い．このようなものでは，まず組織，器官から対象となる細胞を分離することが必要となる．この過程では，目的とする細胞を含む組織，器官の選定，細胞間の接着を解離させるための酵素処理，調製過程に生じる細胞の損傷を最小限にとどめる工夫が必要である．また，分離した細胞が生体内で発現していた当初の性質をいかに維持させるか考慮する必要がある．

分離した細胞を安定に生存させる培養条件が得られた場合は，その細胞のもつ機能を対象とする研究においては，単細胞生物を取扱う際と概略同じような実験手法を適用することができる．すなわち，安定な増殖能を示す細胞および培養条件が得られると，特定の酵素，生理活性物質，二次代謝産物などの生産機能発現を目的として，微生物対象と類似の変異処理，遺伝子操作などを加えることが可能である．そして，意図した性質を備えた細胞を選択し，培養することにより目的を達成することができる．しかし，これらはあくまでも特定の細胞機能の発現あるいは利用に限られ，元の生物個体のもつ機能の限られた側面に過ぎない．動物細胞による酵素生産，サイトカイン生産，単クローン抗体生産，植物細胞によるタキソール生産などはこの例である．

植物では，構成するどの細胞からでも，元の個体を再生することが原理的に可能である．すなわち，すべての細胞が**全能性**を保持していることが知られており，分離した特定の細胞に操作を加えて機能を改変したうえで，その細胞からなる植物個体を形成させることができる．このようにして調製された農薬耐性，病害虫耐性，低温耐性などの改変植物の例が第3章"植物工学"に示されている．

高等動物では，組織，臓器，器官などを構成している分化の進んだ細胞から再び個体を形成させることはできないと考えられていたが，1997年に英国ロスリン研究所のI.Wilmutらが成長したヒツジの乳腺細胞から取出した核と，核を除いた未

受精卵とを融合することにより，胎発生を経て乳腺細胞を提供した個体（ドナー）と同じ遺伝子をもった仔ヒツジを誕生させることに成功したことから，特定の条件設定は必要であるが体細胞もすべての細胞に分化できる情報を保持していることが示された．

さらに，胎発生の初期段階に得られる**胚性幹細胞**では，培養条件により各種の細胞に分化する能力を有することが明らかにされており，他の胚への導入によるキメラ個体の作製，遺伝子導入（トランスジェニック）個体，遺伝子破壊（ノックアウト）個体，同一遺伝子をもった複数個体（クローン）の作製なども可能になっている．また，組織，器官などには当該組織，器官を構成する分化した細胞の元となる幹細胞（**組織幹細胞，体性幹細胞**）が存在することも示されており，再生医療の有力な資源として注目されている．これらの状況については第4章"動物工学"でふれる．

1・3 細胞の構造と機能

細胞は基本的に，リン脂質とタンパク質からなる細胞膜で外界と隔離された袋状のもので，袋の中身は遺伝情報をもつDNA，その情報を発現するためのRNA，情報の発現産物であるタンパク質，タンパク質が構築する構造体と代謝に関与する酵素および代謝産物群などからなっている．

DNAが，この袋の中で遊離の状態にある生物を**原核生物**，膜で囲まれた構造体としての核の中に包み込まれている生物を**真核生物**という．原核生物の代表は細菌[*]，真核生物には酵母，カビ，原生動物などの微生物から高等動・植物までが含まれる．

図1・5は原核生物の代表として大腸菌と枯草菌の構造を模式的に描いたものである．中央部に染色体DNAが分布しているが，周囲に膜構造はないので**核様体**とよばれる．その周囲にある細胞質中に認められる多数の粒子は**リボソーム**でタンパク質合成の場である．周辺をリン脂質とタンパク質からなる**細胞膜**が囲んでおり，大腸菌ではその外側を主として糖と数種のアミノ酸からなる薄い**ペプチドグリカン層**と，リン脂質，タンパク質とリポ多糖などからなる膜（**外膜**）が覆っている．枯草菌では細胞膜の外側はテイコ酸とよばれる高分子成分を含む厚いペプチドグリカ

---

[*] かつては真正細菌eubacteriaと古細菌archaebacteriaに分けられたが，最近では細菌bacteriaとアーキアarchaeaは異なるドメインに属すると考えられている．形態的にはともに原核生物であるが，本書では主としてbacteriaすなわちかつての真正細菌に属するものについて述べる．

ン層が覆っており,外膜はない.

C. Gram により開発された塩基性色素を用いた染色法により,枯草菌は染色され

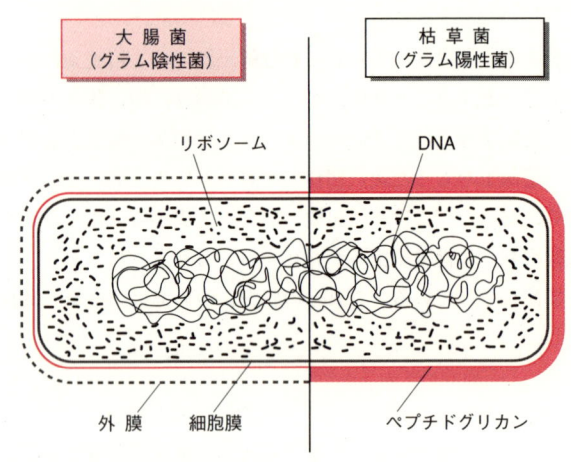

図 1・5　大腸菌（グラム陰性菌）と枯草菌（グラム陽性菌）

る（**グラム陽性**）が,大腸菌は染色されない（**グラム陰性**）.この染色の有無は上に述べた細胞表層の性質をよく反映しており,大部分の細菌はグラム陽性か陰性のどちらかに分類されるとともに,生理的な性質とも連関することから重要な特徴の一つとして利用されている.

図1・6は動物細胞と植物細胞の模式図である.細胞内全体に膜構造が著しく発達しているのが真核生物の特徴で,その中に**細胞小器官**（オルガネラ）とよばれる膜で囲まれた機能単位が分布している.

動物,植物に共通に見られる細胞小器官は,二重膜構造により囲まれ染色体を含む**核**,核膜に連絡した袋状の膜構造体で,細胞質側に多数の**リボソーム**を結合させ他の細胞小器官で機能するタンパク質,分泌タンパク質,膜タンパク質などの合成をしている**粗面小胞体**,おもに脂質合成に関与している**滑面小胞体**,タンパク質の成熟糖鎖修飾,輸送に関与する**ゴルジ体**,多種類の加水分解酵素を含み細胞外から取込んだ物質の消化などに関与する**リソソーム**,過酸化物質の分解に関与する酵素を含む**ペルオキシソーム**,独自のDNAを含みエネルギー生産に関与している**ミトコンドリア**などがある.

動物細胞で普通に見られる構造体として**中心体**があり，細胞分裂時には星状体となって二つに分離し，染色体を両極に引き離す紡錘糸を束ねるような働きをする．
　植物細胞に特徴的な細胞小器官には，炭酸ガス（二酸化炭素）固定に関与する**葉**

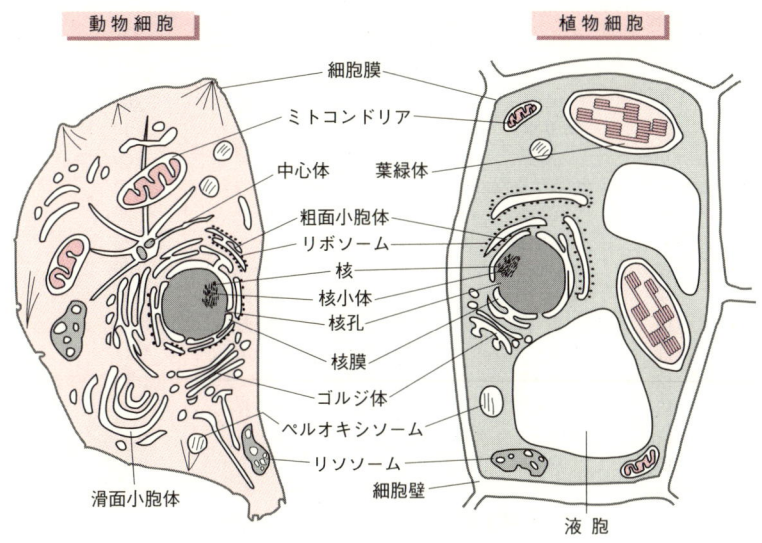

図 1・6　動物細胞と植物細胞の構造

緑体や色素などを含む**色素体**，有機酸，炭水化物などを含む**液胞**，セルロース，ヘミセルロースなどからなり形態維持に関与する**細胞壁**などがある．

1・4　細胞の培養

　細胞の機能を解析したり，有用物質を生産させようとするには，目的に応じた最適の条件で細胞を培養する必要がある．そのために必要な条件の概略を以下に述べる．

1・4・1　培地の適正化

　細胞を構成する成分のなかで最も多いのは水で約 70 ％を占めるが，その他の主要な成分はタンパク質，糖質，脂質，核酸であり，構成する元素は炭素，酸素，窒素，水素，カルシウム，リン，カリウム，ナトリウム，塩素などである（表 1・1）．

したがって，細胞の生育にはこれらの元素を含む化合物の存在が必要であることはもちろんであるが，酵素の機能発現や細胞内の恒常性維持，調節因子などとして微

表 1・1 各種生物細胞の元素組成

順位	褐藻類		魚類	
1	酸素	47.00 %	炭素	47.50 %
2	炭素	34.50	酸素	29.00
3	カリウム	5.20	窒素	11.40
4	水素	4.10	水素	6.80
5	ナトリウム	3.30	カルシウム	2.00
6	窒素	1.50	リン	1.80
7	硫黄	1.20	カリウム	1.20
8	カルシウム	1.15	ナトリウム	0.80
9	マグネシウム	0.52	硫黄	0.70
10	塩素	0.47	塩素	0.60
11	リン	0.28	フッ素	0.14
12	ヨウ素	0.15	マグネシウム	0.12
13	ケイ素	0.15	臭素	0.04
14	ストロンチウム	0.14	亜鉛	0.008
15	臭素	0.07	ケイ素	0.007

順位	被子植物		哺乳類	
1	炭素	45.40 %	炭素	48.40 %
2	酸素	41.00	酸素	18.60
3	水素	5.50	窒素	8.70
4	窒素	3.00	カルシウム	8.50
5	カルシウム	1.80	水素	6.60
6	カリウム	1.40	リン	4.30
7	硫黄	0.34	カリウム	0.75
8	マグネシウム	0.32	硫黄	0.54
9	リン	0.23	ナトリウム	0.50
10	塩素	0.20	塩素	0.32
11	ナトリウム	0.12	マグネシウム	0.10
12	マンガン	0.063	フッ素	0.050
13	アルミニウム	0.055	鉄	0.016
14	ケイ素	0.020	亜鉛	0.016
15	亜鉛	0.016	ケイ素	0.012

量の無機成分も要求される．
　大腸菌や枯草菌などは適当な炭素源とこれら元素を含む無機化合物からなる合成

培地において，生育に必要なすべての細胞成分をつくり上げるための遺伝情報を備えているが，このような環境はこれらの細菌の生育にとって理想的なものではない．細胞を培養しようとする際に考慮すべきは，その細胞が天然の状態で存在する環境である．大腸菌を最大限の増殖速度で培養しようとすれば，タンパク質の加水分解産物であるペプトンやビタミンや核酸成分などを豊富に含む酵母エキスのような天然素材を添加した栄養培地が適当であるし，カビなどでは麦芽の抽出物を含むものなどが好ましい．

多くの微生物はアミノ酸，核酸，脂質，ビタミン類などの有機化合物を与えるとよく生育するが，自然界に存在することが認められている微生物のなかで実際に培養が可能なものは1％にも達していないことが最近の研究から明らかにされている．このような微生物のなかには上述とは逆に，各種要素の濃度を極度に下げた低栄養源の条件にすることにより初めて培養が可能になる例もある．遺伝子資源の多様性を考える場合に，微生物をはじめとする未知の生物の解析は今後ますます重要になってくることは間違いないと思われるので，これら生物の培養条件を明らかにする試みは今後とも継続されなければならない．

植物細胞の培養には，微生物培養の場合と同じような組成の明らかな化合物群からなる合成培地に加えて炭素源としてショ糖（スクロース）を添加する．合成培地での生育が困難な細胞では，ポテト煮汁，ココナツミルクなどの天然素材を添加することにより培養が可能になることもある．さらに，細胞から根，芽の形成を経て植物個体にまで分化させるためにはインドール酢酸，サイトカイニンといった植物ホルモンを適当な濃度とバランスで添加する必要がある．

動物細胞の培養にはグルコース，各種アミノ酸，ビタミン類，無機塩類からなる最少培地に血清を添加するのが普通である．血清中には細胞の増殖に必要なサイトカイン，ホルモンその他未知の微量成分が含まれており，特にウシ胎仔から調製された血清はこれらの成分を豊富にまた，バランスよく含むために各種組織，臓器，器官などに由来する細胞の増殖を強力に支持することが知られている．

1・4・2 操作と培養

特定の細胞を対象としてその機能を解析したり多量に調製しようとすると，つねに環境中の雑菌などの混入による汚染を避けるよう注意しなければならない．使用する器具類は前もって**殺菌**あるいは**除菌**しておく必要がある．すなわち，ガラスや金属などの熱に安定な器具類ではオーブンを用いて160〜180℃で30〜60分の乾

熱滅菌を，液体成分では高圧滅菌器（オートクレーブ）を用いて120℃，20分程度の蒸気殺菌を，プラスチックなどの熱に弱い器具では253 nmの紫外線照射やエチレンオキシドなどのガスにより滅菌する．熱に不安定な成分を含む液体は孔径0.1～0.45 μmの滅菌処理したメンブランフィルターによる沪過により除菌する．

　これら無菌処理した器具，培地類を使用して細胞を植えたり培養したりするのであるが，この操作はあらかじめ紫外線照射などにより無菌化し，除菌した空気が循環するクリーンルームに設置したクリーンベンチ内で行うのが好ましい．クリーンルームに入室する際には清浄な白衣などに着替え，手指は実験操作を始める前に消毒用アルコール（70％エタノール）や逆性せっけん（塩化ベンザルコニウム溶液など）で殺菌する．特に，植物細胞や動物細胞は微生物に比べて増殖速度が著しく遅く長期間の培養になることが多いので，微生物の混入を防ぐためにも取扱いには細心の注意が必要である．

　微生物細胞の培養は，小規模の場合は試験管あるいは三角フラスコ，坂口フラスコなどで振とうあるいは回転培養を行うが，数リットルの規模では通気撹拌装置を備えたジャーファーメンターを，より大規模では培養タンクを用いる（図1・7）．微生物の大規模培養では数トンのタンクが用いられることもある．

図1・7　ジャーファーメンター（30 l 容；a）と培養タンク（200 l 容；b）

　植物の場合も細胞のみの培養ではジャーファーメンターを用いることが多く，より大規模では培養タンクも用いられる．細胞から植物個体の形成までを目的とする際には温度，湿度の調節に加えて光照射の機能を備えた装置が必要である．

　動物細胞では，小規模培養にはプラスチック製の容器を用いることが多い．より

大量には，血液系の細胞のような浮遊細胞の場合はジャーファーメンター様の装置やタンクを使用することができるが，培養液の流れあるいは撹拌翼によるせん断力のために細胞が傷害を受けることがあるので撹拌の方法に工夫を加える必要がある．付着細胞では，細孔の空いたチューブ（ホローファイバー）内に培養液を循環させ，チューブの外壁に細胞を増殖させる装置，回転するガラス容器（ローラーボトル）の内壁に細胞を増殖させる培養法（§4・2・2d），多孔性のマイクロキャリヤー内に細胞を増殖させることにより剪（せん）断力から細胞を保護する撹拌培養法などが工夫されている．

なお，遺伝子組換え操作を施した細胞の培養には，外部への放出，環境の汚染を極力避けるための物理的な封じ込めが可能な施設が必要である（§2・9・4参照）．

1・5 細胞のもつ遺伝情報と機能発現
1・5・1 セントラルドグマ

20世紀の後半に，生物の遺伝現象や機能発現過程を分子レベルで理解しようとするいわゆる分子生物学が急速に発展した．このとき実験材料として最もよく用いられたのは，大腸菌と大腸菌に感染するウイルスであるファージである．大腸菌はO157のような特殊な株を除いては病原性がなく取扱いが容易であり，組成の簡単な培地でも生育し，しかも好条件下では20分に1回分裂増殖する．さらに，雄株と雌株があって遺伝子の授受が行われるから遺伝現象の解析も行えるし，ファージを介した遺伝子の導入もできるのでより詳細な遺伝子の解析も可能である．また，大腸菌に感染したファージは1時間もすれば数百倍に増幅されて出現するから，めったに起こらないような突然変異も解析することができる．このような理由で，多くの研究者により解析が進められた結果，

① 生物の遺伝情報はDNAに塩基の配列として保持されていること
② DNAの情報はRNAに転写されること
③ 三つの塩基の配列が一つのアミノ酸に翻訳されてタンパク質のアミノ酸配列が決定されること

という，遺伝情報とその発現過程の基本現象が明らかにされた．このことは，DNAの二重らせん構造を明らかにしたことでよく知られるJ. D. WatsonとF. CrickのうちCrickにより，遺伝情報の流れは

複製 ◯ DNA →(転写) RNA →(翻訳) タンパク質

の一方向,すなわち核酸からタンパク質の方向で逆はない,と主張され,すべての生物に共通な原則と考えられたことから,**セントラルドグマ**(central dogma; dogma は宗教上の否定できない教義を示す)ともいわれている.

1・5・2 遺伝子の構造と転写

その後,多くの研究者によって遺伝情報を担う DNA を複製する DNA 合成酵素(DNA ポリメラーゼ),転写にかかわる RNA 合成酵素(RNA ポリメラーゼ),アミノ酸配列に対応する塩基配列をもつメッセンジャー RNA(mRNA),タンパク質合成の場であり,数十種のタンパク質と RNA(リボソーム RNA: rRNA)からなるリボソーム,アミノ酸を結合しリボソーム上に運搬する転移 RNA(tRNA),アミノ酸のペプチド結合形成に関与するタンパク質因子群などがつぎつぎに明らかにされた.すなわち核酸の塩基配列として保存される遺伝情報を,その産物であるタンパク質のアミノ酸配列へと翻訳する過程に関与する細胞成分が,大腸菌をはじめとする原核細胞のみならず,動・植物を含む真核細胞においても明らかにされ,遺伝情

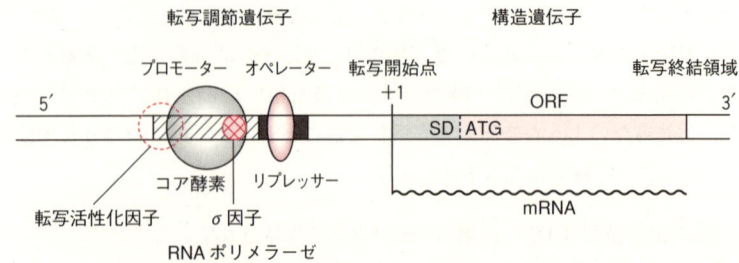

図 1・8 **大腸菌の典型的な遺伝子構造.** 転写調節遺伝子部分には RNA ポリメラーゼが結合するプロモーター配列と転写調節因子であるリプレッサーが結合するオペレーター配列がある.構造遺伝子にある転写開始点から mRNA が合成される.mRNA の SD 配列でリボソームが結合し,最初の AUG(DNA 上では ATG)の配列からタンパク質合成が開始する.

報の発現過程がセントラルドグマに従うことが認められた.しかし一方その過程で,真核生物と原核生物では,転写の調節機構,DNA 中の遺伝情報のあり方,mRNA

の構造変化および修飾などの過程で無視できない相違があることも理解されるようになってきた．

原核生物の遺伝子の構造とその発現過程を模式的に表すと図1・8のようになる．すなわち，一組の遺伝子は，RNAポリメラーゼや，リプレッサーのような転写を調節する因子が結合する領域（プロモーター・オペレーター領域）である**転写調節遺伝子**と，遺伝情報の産物であるtRNA，rRNAなどのRNA分子またはmRNAを介してタンパク質のアミノ酸配列を規定する領域である**構造遺伝子**という二つの部分から構成される．タンパク質を規定する構造遺伝子は，一つのタンパク質のみでなく，関連した反応系（たとえばラクトース資化系とかトリプトファン合成系など）に属するいくつかのタンパク質に対応する領域（一つのタンパク質に対応する領域を**シストロン**という）が連なった**ポリシストロン**構造をとることが多い．ポリシス

表1・2　mRNAのヌクレオチド配列とアミノ酸の対応

第1字目	第2字目				第3字目
	U	C	A	G	
U	UUU　Phe UUC　Phe UUA　Leu UUG　Leu	UCU　Ser UCC　Ser UCA　Ser UCG　Ser	UAU　Tyr UAC　Tyr UAA　オーカー[†3] UAG　アンバー[†3]	UGU　Cys UGC　Cys UGA　オパール[†3] UGG　Trp	U C A G
C	CUU　Leu CUC　Leu CUA　Leu CUG　Leu	CCU　Pro CCC　Pro CCA　Pro CCG　Pro	CAU　His CAC　His CAA　Gln CAG　Gln	CGU　Arg CGC　Arg CGA　Arg CGG　Arg	U C A G
A	AUU　Ile AUC　Ile AUA　Ile AUG　Met[†1]	ACU　Thr ACC　Thr ACA　Thr ACG　Thr	AAU　Asn AAC　Asn AAA　Lys AAG　Lys	AGU　Ser AGC　Ser AGA　Arg AGG　Arg	U C A G
G	GUU　Val GUC　Val GUA　Val GUG　Val[†2]	GCU　Ala GCC　Ala GCA　Ala GCG　Ala	GAU　Asp GAC　Asp GAA　Glu GAG　Glu	GGU　Gly GGC　Gly GGA　Gly GGG　Gly	U C A G

[†1]　開始コドンとしても用いられる．大腸菌ではホルミルメチオニン．
[†2]　大腸菌では開始コドンとして用いられることがある．
[†3]　ナンセンスコドンであり，終止コドンとして用いられる．

トロンの発現は同一の調節遺伝子により調節されており，連続した一つの mRNA として転写されるが，このような転写単位を**オペロン**とよぶ．転写によりつくられた mRNA はリボソームを場とするタンパク質合成系で三つの塩基（**コドン**）が対応する一つのアミノ酸に翻訳（表 1・2）されて遺伝情報産物としてのタンパク質が生産されるのである．タンパク質のアミノ酸配列に対応する塩基配列部分を**オープンリーディングフレーム**（open reading frame: ORF，読取り枠）という．

真核生物の遺伝子構造も転写調節遺伝子と構造遺伝子からなる点で基本的には原核生物のものと同様であるが，より複雑になっている．まず，原核生物では RNA ポリメラーゼは 1 種類しかないが，真核生物では主として rRNA の合成に関与する RNA ポリメラーゼⅠ，主として mRNA を合成する RNA ポリメラーゼⅡ，tRNA を含む低分子 RNA 合成にかかわる RNA ポリメラーゼⅢ，さらにはミトコンドリアや葉緑体で機能する RNA ポリメラーゼなどがある．ここでは，細胞工学的な観点から重要となる **RNA ポリメラーゼⅡ**がかかわる遺伝子の構造と転写調節機構について要点を述べる．

転写調節領域（図 1・9）は，原核生物に見られる構造遺伝子の直近にあるプロ

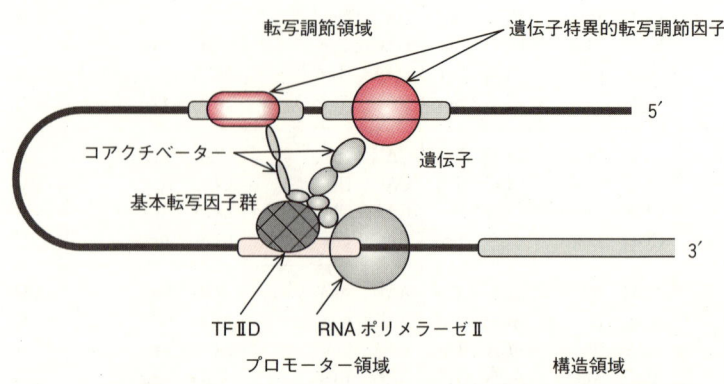

図 1・9　真核細胞の mRNA 合成に関与する遺伝子の構造と転写に関与するタンパク質因子

モーター・オペレーター領域に相当する基本転写調節因子と RNA ポリメラーゼが結合する領域に加えて，それとは離れた位置に転写効率を高進（エンハンサー）させたり，逆に抑制（サイレンサー）したりする特定の配列（**転写調節配列**）がある

ことが多い．この転写調節配列に遺伝子特異的な転写調節因子が結合し，さらにこの転写調節因子と基本転写因子の間を取りもつ**コアクチベーター**とよばれるタンパク質因子が結合することにより転写の活性が調節されている．

したがって，真核生物の転写は，プロモーターの構造，転写因子，転写調節配列，転写調節因子，コアクチベーターという多数の役者により調節されている．高等動物に見られるようなホルモンや増殖因子などは，細胞表面にある受容体を介した情報伝達によりこれら因子の活性化，不活性化を行ったり，核内にある受容体に直接結合することにより遺伝子の発現の程度を細胞特異的にまた微妙に調節しているのである（図 1・10）．

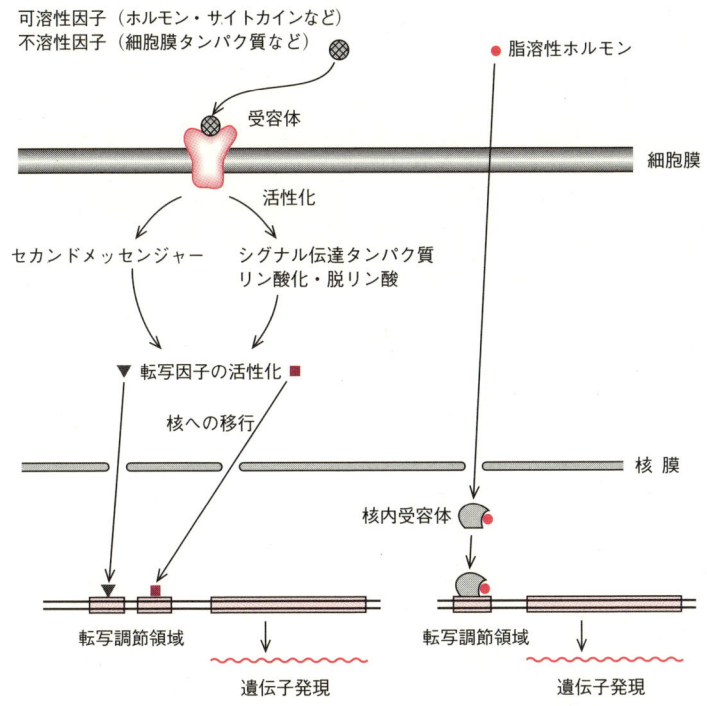

図 1・10　ホルモンや増殖因子による遺伝子発現の調節

構造領域はタンパク質のアミノ酸配列を規定する部分であるが，原核生物の場合と違ってアミノ酸配列に対応する塩基配列は一続きになっておらず，いくつかのア

ミノ酸に対応する配列（**エキソン**という）が飛び飛びに位置している．エキソンとエキソンの間の部分は**イントロン**とよばれる．タンパク質のアミノ酸配列はエキソンの組合わせにより指示されるわけである．

RNA ポリメラーゼ II により合成された直後の転写産物は前駆体であり，以下の過程を経て成熟 mRNA へと変換される（図 1・11）．

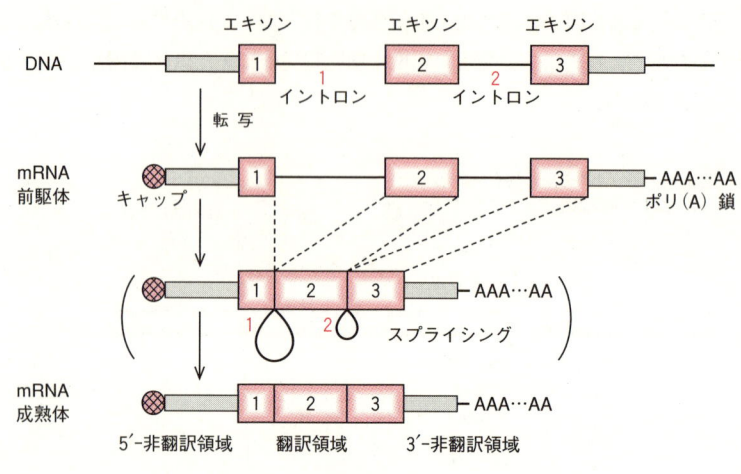

図 1・11　真核細胞の mRNA 成熟過程

1) 5′末端に**キャップ**とよばれる構造，すなわち 7-メチルグアノシンの付加，5′末端付近の塩基の修飾がなされる．
2) 3′末端には 30～200 アデニル酸が付加される．この部分は**ポリ(A)**（ポリアデニル酸）**テイル**（尾部）とよばれる．
3) イントロンの部分が除去されてエキソン部分のみが連結される．この過程を**スプライシング**という．

こうしてつくられた成熟型の mRNA は，原核生物の mRNA と同じく，すべてタンパク質のアミノ酸配列に相当する塩基配列すなわち ORF 構造をもつから，大腸菌のシステムを用いても真核生物でつくられるタンパク質と同じアミノ酸配列をもった産物が合成されることになる．

真核生物の構造遺伝子は，通常一つのタンパク質をコードしている（**モノシストロン**という）が，スプライシングの位置が変化することにより，途中のエキソンが

欠け，その部分に指示されるアミノ酸配列が除かれたタンパク質がつくられたりすることがあるので，部分的に異なる数種類のタンパク質が合成されることもある．

1・5・3 タンパク質の成熟と機能発現

　原核生物である細菌ではDNAが細胞質内に浮遊した状態にあるので，転写により合成されたmRNAはただちに周辺にあるリボソーム上で翻訳されてタンパク質が合成される．細胞質内で機能する酵素をはじめとする可溶性のタンパク質はそのまま細胞質中で利用されるが，細胞膜中に組込まれたり，細胞外に分泌されるタンパク質の場合は細胞膜に付着したリボソーム上で合成され，N末端側にコードされた疎水性アミノ酸が多く含まれるシグナルペプチド部分を介して膜中に取込まれる．細胞外で機能するタンパク質の場合はさらに細胞膜を通過してシグナルペプチド部分が切断され，細胞外に分泌される．

　真核生物の場合はより複雑で，核孔を通過して細胞質に出てきたmRNAはリボソーム上で翻訳され，タンパク質が合成されるが，細胞質内で機能するタンパク質は細胞質内で合成され，それ以外は粗面小胞体に結合したリボソーム上で合成される．これらタンパク質は細菌の分泌タンパク質と同様な過程を経て粗面小胞体内腔に移行し，あるものは糖鎖による修飾を受ける．ついで小胞体膜に包まれた形でゴルジ体に運ばれ，ゴルジ体内で糖鎖の変換，タンパク質部分の成熟化，そのタンパク質が最終的に機能する部位に応じた各種細胞小器官への輸送，細胞外への分泌などが決定される（図1・12）．細胞外で機能する酵素，サイトカイン，ホルモン類などはこのようにして細胞外に分泌され，基質を代謝したり標的細胞に発現している受容体と結合することにより特定の生理活性を発揮することになる．

1・6 細胞工学に用いられる技術

　細胞の機能を改変する目的で利用される主要な技術は，突然変異，遺伝子組換え，細胞融合である．以下にその概略を述べる．

1・6・1　突　然　変　異

　細胞を用いて有用物質を生産させようとするとき，目的とする有用物質が酵素やサイトカイン，ホルモンのような生理活性を有するタンパク質の場合は，それ自体が遺伝情報の産物であるから，遺伝子の改変により発現効率やタンパク質のアミノ酸配列を改変し活性を変革させることが考えられる．目的有用物質が低分子代謝産

物の場合もその代謝系に関与する酵素（タンパク質）の生産量を増大させたり，その酵素が状況の変化（代謝産物の濃度など）にかかわらず常に機能を発現するように改変すればよいわけで，いずれにしても DNA の塩基配列を何らかの方法で変化

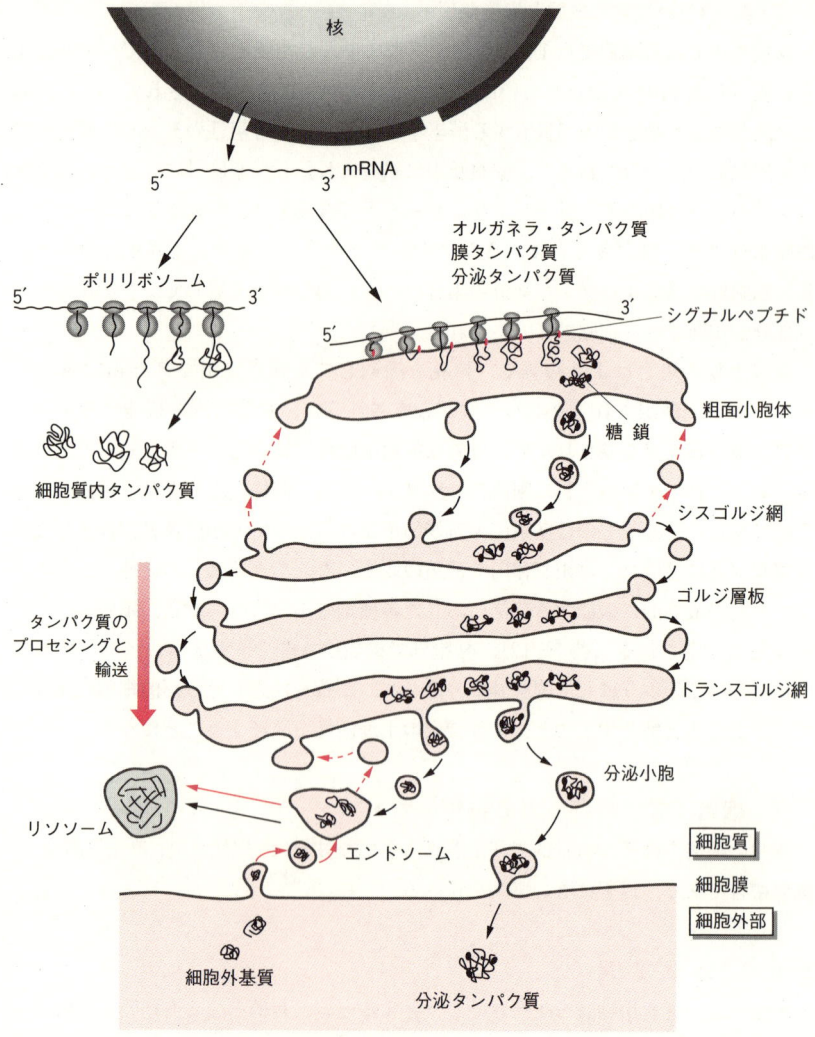

図 1・12 真核細胞におけるタンパク質合成，プロセシングと細胞内輸送．→順輸送　→エンドサイトーシス経路　--→逆輸送　● シグナルペプチド（分泌タンパク質，膜タンパク質などに特徴的な疎水性アミノ酸に富む配列）　● 糖鎖

させ，目的にあった性質を示す細胞を選択することになる．

DNAの塩基配列は自然の状態でも複製過程の誤りや自然界に存在する放射線，変異誘発物質などの作用により変化する．しかし，DNAポリメラーゼに含まれる校正機能および，複製後の修復機能により塩基配列が変化する頻度は 10^{-8} 以下に過ぎないとされている．したがって自然の状態で好ましい変異を有する株を調製するのは容易ではない．

高効率で塩基配列を変化させる，すなわち人工的に突然変異を誘発するには，紫外線照射，X線，γ線照射，高温処理のような物理的なものと，ニトロソグアニジン，エチルメタンスルホン酸のようなアルキル化剤，ブロモウラシルのような塩基類似物質，プロフラビンのような塩基間に挿入されるような物質，亜硝酸のような脱アミノ試薬（図1・13），酸処理などによる化学的な方法があげられる．これら

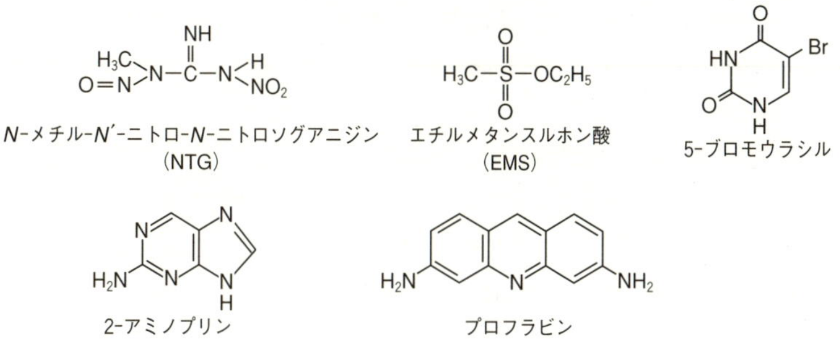

図1・13 よく用いられる変異誘発化合物の構造

の変異誘発法は，個々の塩基を変化（塩基置換）させたり，ある範囲の塩基配列を欠失させたり，余分な塩基を挿入させたりすることにより本来の遺伝情報に変化をもたらすのである．その結果として，たとえば調節遺伝子領域にリプレッサーが結合できなくなったり，RNAポリメラーゼが結合しやすくなったりして，いわゆるプロモーター活性が上昇することになる．またこの変異が構造遺伝子内に生じた場合は産物であるタンパク質のアミノ酸配列の変化に帰結し，その結果として酵素活性の変化，フィードバック阻害の回避などの効果が発現することにもなる（§2・3参照）．

このような突然変異のみによって，代謝調節機能や酵素の機能が改変された結果として野生株の数千倍の有用物質生産量を示すようになる場合もある．わが国で開

発され，世界に冠たる技術となったグルタミン酸，リシンをはじめとするアミノ酸発酵や，抗生物質の生産などはそのよい例である（§2・5参照）．

1・6・2 遺伝子組換え

1960年代以降急速な発展をみせた分子生物学による生命現象の基礎的な解析の過程で得られた知見を基にして，1970年代になってある細胞に特定の遺伝情報を多重にもたせたり，異種細胞由来の遺伝情報を発現させたりすることが可能になった．これが遺伝子組換え技術である．その背景には以下のような成果がある．すなわち，

① DNAの特定の塩基配列を認識し，特定の部位で切断する酵素である制限酵素と切断部位の構造を整える酵素群の発見により，特定のDNA断片を分離調製することが可能になった．
② DNAの断片同士を連結する活性をもつ酵素であるリガーゼが発見された．
③ 染色体とは独立して自律複製能を示すDNAであるプラスミドが得られた．
④ DNAを宿主となる細胞中に導入する方法が開発された．

a. 関連酵素群　　**制限酵素**は，大腸菌に感染したファージのDNAがその宿主の抽出液によっては切断されないのに，宿主と異なる菌株由来の抽出液では容易に切断される現象の解析から，DNA中の特定の塩基配列を認識し切断する酵素として発見された．宿主細胞液中にはほかの菌株由来のDNAを切断する活性とともに，自己のDNAが切断されないように特定の塩基を修飾する酵素も含まれている．制限酵素には，DNAの切断部位が一定でないタイプⅠ酵素と，特定の位置で切断するタイプⅡ酵素があるが，遺伝子組換えに用いられるのはタイプⅡのみである（表1・3にいくつかの例を示す）．タイプⅡ酵素には3～8個の塩基配列を認識するものが知られており，それらの酵素を使い分けることにより分子量の異なるDNA断片を得ることができる．また，DNAの切断部位が認識配列内の離れた位置にあって1本の鎖が突出した**粘着末端**を形成するもの，認識配列の中央で切断し**平滑末端**を生じるもの（図1・14），認識配列から一定塩基離れた位置で切断するものなどがある．

一本鎖DNAを選択的に切断する酵素も発見されており，この酵素を粘着末端を含むDNAに作用させることにより平滑末端にすることもできる．

リガーゼは，DNA複製の際に形成される小断片（**岡崎断片**）の連結に関与する酵素として発見されたもので，3′-ヒドロキシ基をもつDNA鎖と5′-リン酸基をも

表 1・3　制限酵素と DNA 認識塩基配列および切断部位

認識塩基対数	制限酵素名[†]	生産菌	認識配列と切断部位[††]
4	HaeⅢ	Haemophilus aegyptius	G G C C C C G G
	TaqⅠ	Thermus aquaticus YT-1	T C G A A G C T
	NdeⅡ	Neisseria denitrificans	G A T C C T A G
5	HinfⅠ	Haemophilus influenzae Rf	G A N T C C T N A G
6	EcoRⅠ	Escherichia coli RY13	G A A T T C C T T A A G
	NdeⅠ	Neisseria denitrificans	C A T A T G G T A T A C
	SmaⅠ	Serratia marcescens	C C C G G G G G G C C C
7	AxyⅠ	Acetobacter xylinus	C C T N A G G G G A N T C C
8	NotⅠ	Nocardia otitidis-caviarum	G C G G C C G C C G C C G G C G

[†]　制限酵素の命名法：生産菌の属名の最初の1文字と種名の最初の2字を用いる．
[††]　矢印は切断部位．N は任意の塩基を示す．

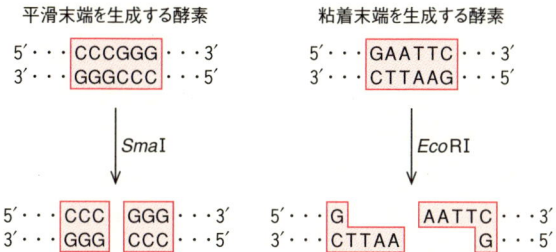

図 1・14　制限酵素による DNA の切断

つDNA鎖の間にリン酸エステル結合を形成させることにより連結する活性をもつ．大腸菌から調製した酵素では粘着末端をもつDNA断片同士を連結する活性は有効であるが平滑末端の連結効率は低い．それに対し，T4ファージに由来するリガーゼは平滑末端同士の連結も高効率で進行させることが知られている．

このほかに遺伝子組換えに用いられる酵素として，**DNAポリメラーゼⅠクレノウ断片**（Klenow fragment：DNAポリメラーゼⅠの活性のうちDNA分解活性部分を欠失させたもので，二本鎖上の空白を埋める機能のみを示す），アルカリホスファターゼ（5′末端のリン酸基を除去する），ポリヌクレオチドキナーゼ（リン酸基を5′末端に付加する），ターミナルヌクレオチジルトランスフェラーゼ（1ないし数個のデオキシヌクレオチドをDNAの3′末端に付加する）などがあり，DNA断片の修飾や効率のよいDNA断片同士の連結を実現するために利用されている．

b．ベクターDNA 特定の有用な遺伝情報をもつDNA断片（ドナーDNA）を新しい宿主（レシピエント）中に導入し，さらに複製させるために用いられるのが，遺伝子の運び屋**ベクターDNA**である．ベクターDNAには①宿主中で染色体とは独立に複製するための情報，②いろいろな制限酵素で切断され，調製された有用DNA断片を組込むための制限酵素認識配列，③外来DNAが宿主細胞中に導入され機能していることを検出するための指標となる遺伝情報，などが備わっていることが必要である．このような性質をもつDNA断片は，細菌細胞内に天然の状態で存在していることがあるプラスミドや，ファージ，ウイルスなどのDNAを基にして必要な部分のみを人工的に組合わせることにより作製したものが多い．なかにはたとえば大腸菌の中で複製するための情報と，酵母や動物細胞中での複製を可能にする情報を兼ね備えたものもあり，大腸菌と酵母あるいは動物細胞との間を自由に行き来させることができるので**シャトルベクター**とよばれることがある．これらベクターDNAは**クローニングベクター**とよばれ，DNA断片の調製，すなわちDNAライブラリーの構築などには好都合であるが，必ずしも発現を保証するものではない．そこで，導入された遺伝情報が新たな宿主中で発現するために転写や翻訳のための情報を組込んだ**発現ベクター**もある．図1・15はこれらの機能を組合わせたベクターの概念を示したものである．

c．遺伝子の導入 上のような方法で複製の情報と有用な遺伝子を含むDNAを調製することができても，それを新しい宿主細胞中に導入しなくてはならない．すなわち，**形質転換**の方法が開発される必要があった．枯草菌などでは増殖の過程で外来DNAを効率よく取込む状態になることがあり，このときの細胞の状態をコ

ンピテント (competent) とよんでいる．大腸菌では対数増殖期の細胞をカルシウム処理するとコンピテント状態になることが見いだされており，形質転換に用いられてきた．しかし最近では，細胞に DNA を取込ませるのにエレクトロポレーショ

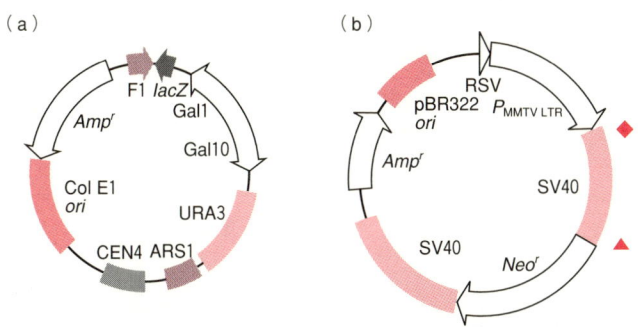

図 1・15　遺伝子のクローニングや異種細胞中での発現に用いられるベクターの例．(a) 大腸菌と酵母のシャトルベクター．このプラスミドには大腸菌中で複製するための情報 Col E1 *ori*（大腸菌のプラスミドであるコリシン E1 の複製開始領域）と薬剤選択マーカー *Amp*^{r}（アンピシリン抵抗性）を含むので，大腸菌内での複製と増幅およびプラスミド保持菌の選択が可能である．また，酵母染色体の複製開始領域 ARS1 とセントロメア CEN4 により酵母内で複製され安定に保持される．URA3 遺伝子を含むことから URA3$^-$ 酵母を宿主に用いれば選択マーカーとして機能する．さらに，Gal1, Gal10 プロモーターがあるのでガラクトースによる挿入遺伝子の強力な誘導発現ができる．(b) 大腸菌と動物細胞のシャトルベクター．大腸菌のプラスミド pBR322（コリシン E1 由来）複製開始領域 *ori* と *Amp*^{r} により大腸菌内での組換え DNA クローニング，増幅が可能である．SV40 の *ori* (▲領域) により動物細胞内で複製され，またスプライシングとポリ(A) 付加情報 (◆領域) により mRNA の形成を可能としている．さらに，SV40 初期プロモーター (▲領域) で発現する大腸菌 *neo* 遺伝子（動物細胞に有効な G418 抗生物質に耐性を示す）によりプラスミド保持細胞の選択ができる．また，RSV（ラウス肉腫ウイルス）および MMTV（マウス乳がんウイルス）由来のプロモーターをもつので，デキサメタゾンによるクローン化遺伝子の発現制御が可能である．いずれも，各領域に適当な制限酵素の認識配列があって，外来 DNA の挿入などに便宜がはかられているが，この図では省略してある．

ン（電気穿孔法，electroporation）が多く用いられる．DNA と細胞を含む緩衝液中に電極を置き，短時間通電すると瞬間的に細胞膜に小孔が空き，DNA が細胞内に取込まれるのである（図 1・16）．この方法は簡便であり，細菌から動・植物細胞に至る多くの細胞に有効である（表 1・4）．

特に植物細胞を対象とする際には，DNA 断片を付着させた金属微粒子を空気銃

の原理で細胞内に打込むことにより物理的にDNAを導入する方法（**パーティクルガンまたはマイクロプロジェクタイル**），また，動物の卵細胞，付着細胞などでは先端を鋭く細工したガラス毛細管を用いて顕微鏡下で目的とするDNAを核内に直接注入する方法（**マイクロインジェクション**）も用いられる．さらに，細菌や植物細胞の細胞壁を酵素処理により除いた際に形成される**プロトプラスト**は，動物細

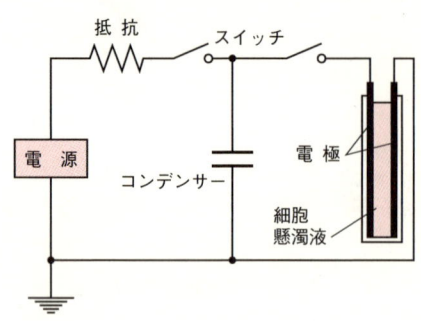

図1・16　エレクトロポレーションの模式図

表1・4　遺伝子の直接導入法

方　法	原　理	適　用
エレクトロポレーション	高電圧をかけ膜に小孔をつくりDNAを導入する	動・植・微生物細胞
マイクロインジェクション	ガラス毛細管を用いてDNA溶液を直接注入する	動物付着細胞 卵，胚細胞
パーティクルガン	空気銃の原理で金あるいはタングステン粒子にまぶしたDNAを打込む	植物細胞
融合法	ポリエチレングリコール，ポリビニルアルコールによる膜融合を用いる	動物細胞および，植物・微生物のプロトプラスト リポソーム
トランスフェクション	リン酸カルシウムゲル，DEAE-デキストランなどとDNAの複合体をエンドサイトーシスにより取込ませる	動物細胞

胞と同様に取扱うことが可能で，細胞融合に用いられる**ポリエチレングリコール**(polyethylene glycol: PEG) の存在下で DNA を取込むことが知られており，簡便な DNA 導入法として利用されている．この際，人工的に作製した脂質二重層からなる小胞であるリポソーム中に DNA を含ませ，細胞と融合させることにより細胞内に DNA を導入する**リポフェクション**という方法もある．動物細胞ではまた，固形物を細胞内に取込む食機能（エンドサイトーシス）を利用して，DNA 断片を巻込んだリン酸カルシウムゲルなどにより遺伝子を導入する方法があり，**トランスフェクション**とよばれている．

d. **遺伝子のクローニング**　制限酵素を用いる DNA 断片の調製，リガーゼによる DNA 断片同士の連結，ベクター DNA への組込みと宿主への導入が可能になると，特定の遺伝情報を新たな宿主中で効率よく発現させるための手段ができたことになる．当初，目的の遺伝子を含む DNA 断片は，目的の遺伝情報を含む細胞から DNA を抽出し，適当な制限酵素で切断後ベクターに組込んで新たな宿主に導入し，運よく発現した組換え体を何らかの方法で選び出すことにより調製された．この方法は原核生物の間では確かに機能したが，真核細胞から得られた DNA 断片を大腸菌などの原核生物細胞中に導入してもそのままでは真核細胞由来の遺伝情報は正しく発現されないのが普通である．

§1·5·2 で述べたように，真核生物の遺伝子がもつ構造遺伝子はタンパク質のアミノ酸配列を規定する塩基配列部分すなわちエキソンが分散して存在する．したがって，染色体 DNA から，構造遺伝子部分を切出して原核生物のプロモーターと連結しても，原核生物はスプライシングの機構をもたないから成熟型 mRNA はできない．すなわち，真核生物がつくるタンパク質と同じアミノ酸配列をもつタンパク質を原核生物につくらせるためには成熟型 mRNA に対応する塩基配列をもつ DNA（このような DNA を mRNA と相補的であることから complementary DNA: **cDNA** とよぶ）を調製する必要がある．cDNA の調製の概略を図 1·17 に示す．このようにして調製された cDNA は ORF を含むから，たとえば大腸菌の発現ベクタープラスミドに組込んで大腸菌に導入すると，真核生物がつくるタンパク質と同じアミノ酸配列をもつタンパク質を大腸菌中でつくらせることができる．

最近では，100 種を超える細菌をはじめとして，酵母，フグ，ヒト，マウス，シロイヌナズナ，イネなどのゲノムの全塩基配列が明らかにされている．この塩基配列をもとにして特定の DNA 領域を分取するきわめて有効な方法が**ポリメラーゼ連鎖反応**（**PCR**: polymerase chain reaction）である．PCR は，1986 年に K. Mullis によ

り開発された，DNA混合物の中から微量に含まれる特定のDNA領域を短時間で効率よく増幅することができる画期的な方法である．原理は，増幅したいDNA領域の両端の塩基配列に相補的なオリゴデオキシヌクレオチドを調製しプライマーと

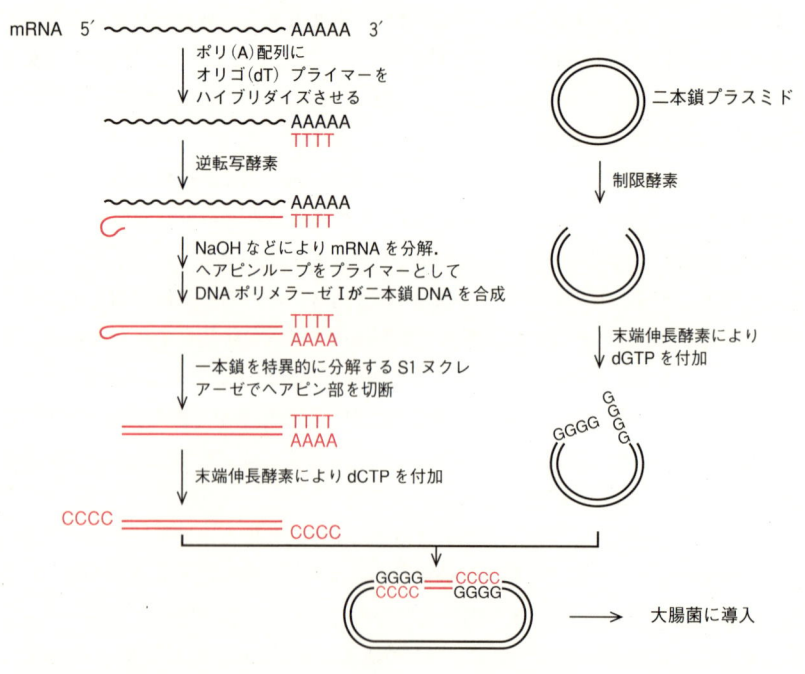

図1・17 真核生物の成熟mRNAを鋳型とするcDNAの調製とプラスミドへの組込み

して使用する．最初の反応で二本鎖DNAを加熱変性により相補鎖に解離させ，冷却することにより過剰に添加したプライマーとアニール（ハイブリダイズ）させる．4種類のデオキシリボヌクレオシド三リン酸の存在下で，DNAポリメラーゼにより新たなDNA鎖を合成させる．この操作を繰返すことにより，二つのプライマーにより挟まれたDNA領域が指数関数的（n回繰返せば2^n倍になる）に増幅されることになるのである（図1・18）．この反応は当初加熱冷却を繰返すごとにDNAポリメラーゼが熱変性により失活するために新たな酵素を追加する必要があったが，好熱細菌から得られた耐熱性酵素の利用により解決された．

さらに，この反応を上記cDNA形成の反応と組合わせることにより，特定

1・6 細胞工学に用いられる技術

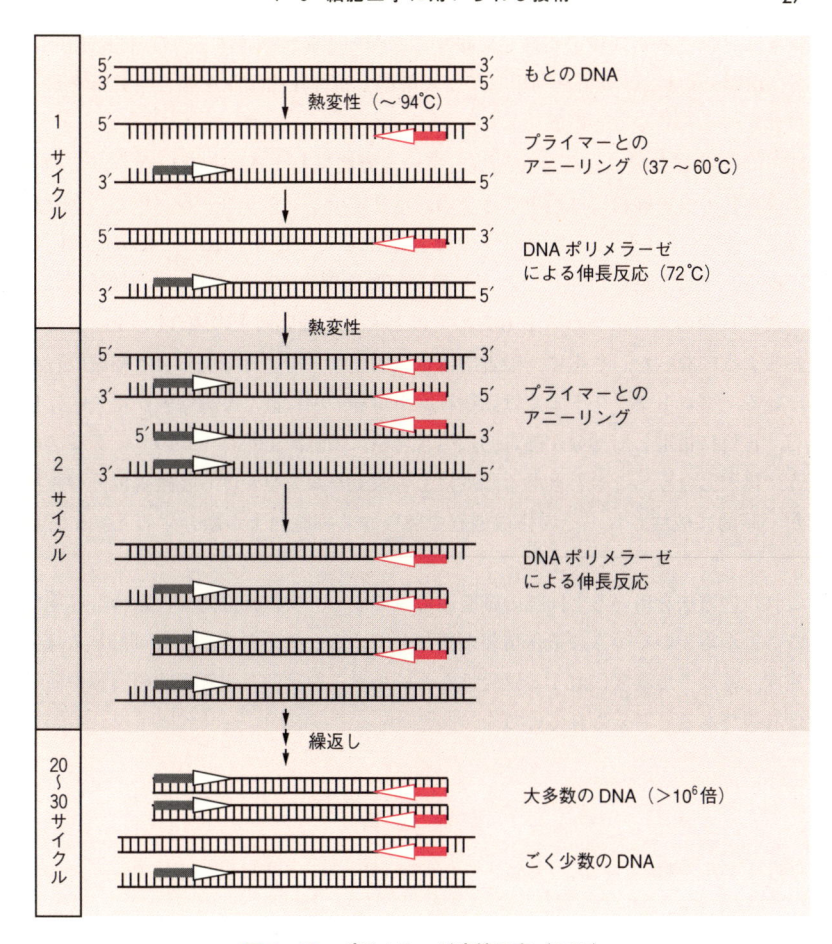

サイクル	図解	説明
1サイクル	(5'→3' / 3'→5' 二本鎖)	もとのDNA
	↓ 熱変性（〜94℃）	
	(一本鎖＋プライマー)	プライマーとのアニーリング（37〜60℃）
	↓	
	(伸長後)	DNAポリメラーゼによる伸長反応（72℃）
2サイクル	↓ 熱変性	
		プライマーとのアニーリング
	↓	DNAポリメラーゼによる伸長反応
20〜30サイクル	↓ 繰返し	大多数のDNA（>10^6倍） ごく少数のDNA

図 1・18　ポリメラーゼ連鎖反応（PCR）

mRNA に由来する cDNA を効率よく増幅することが可能で，**逆転写酵素**（reverse transcriptase）を用いることから RT-PCR 法とよんでいる．

1・6・3　細胞融合

　動物細胞が融合する現象は，1958年に岡田善雄により発見された．**センダイウイルス**（仙台で新生児の肺炎から分離されたのでこの名があるが，正式には血液凝集性をもつことから hemagglutinating virus of Japan: **HVJ** とよばれる）が動物細胞に

感染すると，ウイルス粒子を介して接する二つの細胞が融合する．G. J. F. Köhler と C. Milstein はこの現象を利用してがん細胞と抗体産生細胞を融合させ単クローン抗体をつくらせることに成功した．

HVJ は感染に必要な受容体を発現している細胞にしか感染しないから，この方法は受容体のない細胞には適用できない．ポリエチレングリコール（PEG）が存在すると，植物プロトプラスト間での融合が生じることが，K. N. Kao と M. R. Michayluk により見いだされた．同じ現象が動物細胞でも起こることが確認され，その後，細菌のプロトプラストも含めてほとんどの細胞同士の融合に PEG が用いられるようになった．さらに，最近では電気的パルスによる細胞融合も頻繁に行われている．プロトプラストまたは動物細胞を電場の中に置くと細胞膜が電気的に分極し，正負に帯電した部分が静電的に引き合い，細胞同士がパールのネックレスのように接着し合う．このときある限度以上の電気パルスをかけると接着部分の膜構造が一時的に破壊され，その修復過程で隣接する細胞同士が融合すると考えられる．

これらの方法を用いると同種の細胞間のみでなく，異種細胞間での融合も可能であることから，いくつもの遺伝情報が関与していると考えられる性質（たとえば生育速度，乾燥や塩濃度に対する感受性など）の導入を目的とする細胞の調製や研究には有用であると考えられている．

参 考 図 書

1) 田村隆明, 村松正實 著, "基礎分子生物学（第2版）", 東京化学同人（2002）.
2) 野島 博 著, "遺伝子工学の基礎", 東京化学同人（1996）.
3) D. Voet, J. G. Voet 著, 田宮信雄ほか 訳, "ヴォート生化学（第2版）", 東京化学同人（1996）.
4) B. Lewin 著, 菊池韶彦ほか 訳, "遺伝子（第7版）", 東京化学同人（2002）.
5) H. Lodish ほか 著, 野田春彦ほか 訳, "分子細胞生物学（第4版）", 東京化学同人（2001）.
6) B. Alberts ほか 著, 中村桂子ほか 監訳, "細胞の分子生物学（第3版）", 教育社（1995）.
7) 村松正實ほか 編, "分子細胞生物学辞典", 東京化学同人（1997）.
8) 大沢利昭ほか 編, "免疫学辞典（第2版）", 東京化学同人（2001）.

2

微 生 物 工 学

2・1 微生物とはどんな生き物か
2・1・1 微生物の種類と分類学的位置

　微生物を初めて見たのは，A. Leeuwenhoek である（p. 2 参照）．この地球上で生まれた最初の生物から進化してきたもので，高等動植物に比較するとその形や，代謝などさまざまな面から見て単純な生物であるが，この地球上で存在しないところはないほどいかなる環境にも適応して存在している．それぞれの微生物は，それぞれの環境に適応した機能に特化した専門家集団であるといえる．

　微生物と人類とのかかわりも非常に古く，産業的なかかわりだけを取上げても紀元前 3000 年頃からビールやパンをつくることに利用してきた歴史がある．病気とのかかわりをみると，もっと古くまでさかのぼることができよう．微生物の存在を知るはるかに以前から，その存在の意識は人類にあったことになる．つまり微生物の存在をはっきりとは意識しないで利用していたのである．

　微生物とは，肉眼では見えず，顕微鏡を用いないと見ることができない生物をさし，非常に範囲の広い生物群を示す言葉である．現在，地球上の生物は，**原核生物**（はっきりとした核をもたない生物）と**真核生物**（はっきりとした核すなわち核膜に包まれた核をもつ生物）に分けることができる．微生物とは，動物や植物に属する微細な生物も含む広い範囲の生物をさすが，本書では，真菌類（通称カビ，酵母）と細菌類（真正細菌とアーキア）そしてウイルスを主として取扱う．

　分類学的見地から原核生物である細菌類をみると，真正細菌とアーキアに分けられる．真核生物は，真菌（糸状菌，酵母，キノコ），藻類，原生動物に分けられる

(図2・1)．微生物の形と大きさは，さまざまであるが，おおよそ長径が1mm以下の大きさである．細菌類と真菌類の，分類学的に代表的な大きさの範囲を表2・1に示す．また，おもな細菌の形状を図2・2に示す．

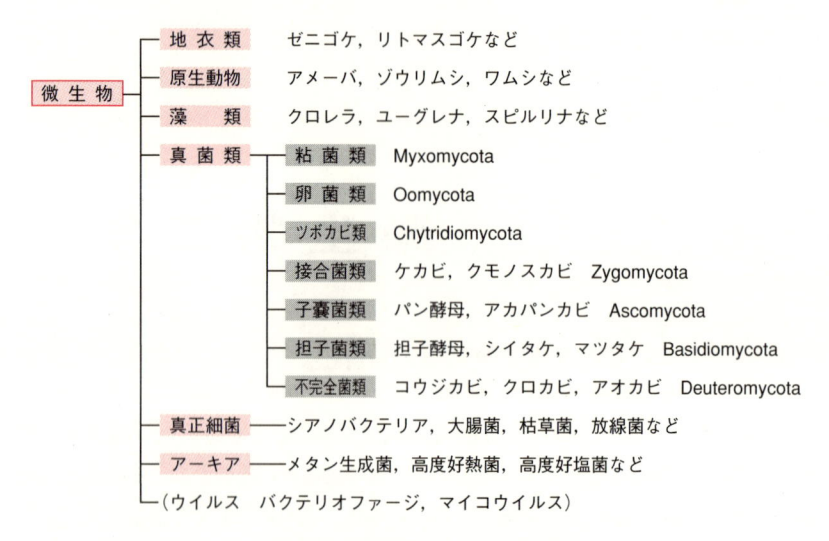

```
微生物 ─┬─ 地衣類      ゼニゴケ，リトマスゴケなど
        ├─ 原生動物    アメーバ，ゾウリムシ，ワムシなど
        ├─ 藻 類      クロレラ，ユーグレナ，スピルリナなど
        ├─ 真菌類 ─┬─ 粘菌類      Myxomycota
        │          ├─ 卵菌類      Oomycota
        │          ├─ ツボカビ類  Chytridiomycota
        │          ├─ 接合菌類    ケカビ，クモノスカビ  Zygomycota
        │          ├─ 子嚢菌類    パン酵母，アカパンカビ  Ascomycota
        │          ├─ 担子菌類    担子酵母，シイタケ，マツタケ  Basidiomycota
        │          └─ 不完全菌類  コウジカビ，クロカビ，アオカビ  Deuteromycota
        ├─ 真正細菌 ── シアノバクテリア，大腸菌，枯草菌，放線菌など
        ├─ アーキア ── メタン生成菌，高度好熱菌，高度好塩菌など
        └─ (ウイルス  バクテリオファージ，マイコウイルス)
```

図2・1　本書で主として扱う微生物

図2・1では真菌の中に，粘菌類（Myxomycota）を入れてあるが，最近はこれらを動物とみなす考え方が多くなってきている．

表2・1　真正細菌およびアーキアの大きさの比較

微生物	長さ〔μm〕	幅〔μm〕
ウイルス	0.04〜0.6	0.03〜0.5
リケッチア	0.6	0.25
真正細菌		
大腸菌	1.0	0.5
枯草菌	2.0	1.0
アーキア		
メタン生成菌	1.0	0.5
硫黄還元菌	500	500（最大の原核細菌）

図中ラベル: 直鎖桿菌／桿菌／ブドウ球菌／大腸菌／らせん菌／球菌／不定形（コリネ菌）／スピロヘータ

図 2・2　真正細菌のさまざまな形

2・1・2　微生物のすみか

　微生物は，地球上の生物で最も多様性に富んでおり，ほとんどいかなる環境にも存在している．つまり環境に特化して進化した生物であるといえる．高等動物や植物は，酸素がなくては生育できない絶対好気性生物であるが，微生物の酸素への対応は，絶対酸素依存性（好気性）から，絶対嫌気性までさまざまである．また，栄養素にしても，完全に無機物のみで生育できるものから，多数のビタミン・アミノ酸などの栄養素を要求するものまである．生育温度（−5〜120 ℃），pH（0.5〜13），また飽和食塩水の中で生育できるものまで実に多様である．酸素産生および非酸素産生の光合成を行うものがある．

　このような微生物，特に真正細菌やアーキアの特性の多様性をみると，これらの微生物群の共生や群間における遺伝子の交換の結果として，今日のミトコンドリアや葉緑体が進化の過程で形成されてきたという仮説を証拠立てるものといえよう．

　真菌（糸状菌）についても，これまでは酸素の存在下で生育できるものをさしていたが，近年反すう動物のルーメンから分離された絶対嫌気性の真菌が発見されている．これらの菌は，ツボカビ門（Chytridiomycota）に属するもので，鞭毛をもった遊走胞子をつくることが知られている．

2・2　微生物による物質生産の基本原理

　前節，§2・1で述べたように，微生物は多様な機能をもっており，それらの機能をさまざまの物質生産などに古くから利用してきた．その過程で優良生産菌の育種

や新たなる菌株を求めて探索することが行われてきている．優良菌株の育種や探索の一般的考え方は表2・2にまとめることができる．すなわち，まず何を探索しよ

表 2・2　探索対象物に対応した探索法の特徴

目　的	目　標	方　法　論
プロセスの改良	明　確	明　確
新規プロセスの開発	明　確	明　確
新規物質の探索	定まっていない	不明（やってみなければわからない）
新規微生物の探索	ない（新しければよい）	不　明

うとしているかをはっきりさせることが大切である．その考え方および実際について，実例をあげながら，以下に説明する．

2・2・1　優良生産菌の探索と育種の基礎

　優良微生物の探索にあたっては必ず目的が存在する．その目的とそれに対応した探索上の特徴をまとめると，表2・2のようになる．いずれのものを探索するかにあたっては，方法論，特に分析法をどうするかがその成否を決める大きな基盤となってくることをよく理解しておくことが肝心である．特に生理活性物質を探索する場合には，既知化合物との弁別を含めよく準備をしておく必要がある．

2・2・2　変異株の造成と選抜による育種の例

　有用生産菌の育種は，古くからランダム変異と優良株の選抜による方法がとられてきた．さまざまな作用機構の変異剤や，変異効率の高い変異剤（ニトロソグアニジン）の利用によって，効率よく育種が行われた．特に，抗生物質の生産性の向上には大きく貢献している．たとえばペニシリンやストレプトマイシンの育種においては，実に 10,000 倍もの生産性の向上がはかられた（図2・3，図2・4）．これらは，突然変異剤の特徴をとらえて変異を行うことや，優良株の選抜方法を工夫することで進められてきたものである．これらの方法は，生化学や分子生物学の著しく進歩した今日でもまだ有効な育種の手段である．おもな変異剤の特徴は§1・6・1および図1・13を参照されたい．しかしながら，後に述べるように代謝経路や代謝制御機構が明らかにされるにつれて，意図的な育種が可能になっており，また組換えDNA技術により特定の遺伝子の導入や増幅によって，より意図的な育種が可能

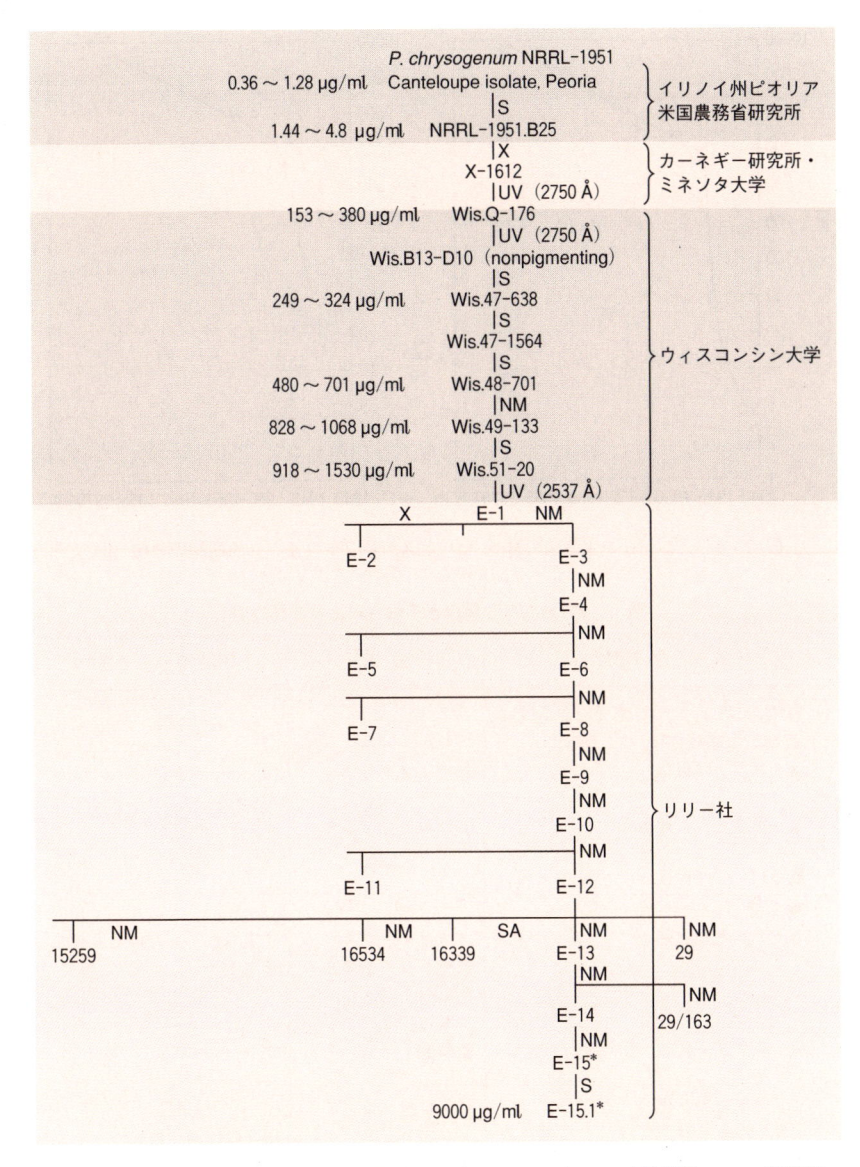

```
                    P. chrysogenum NRRL-1951
        0.36〜1.28 µg/ml   Canteloupe isolate, Peoria      ⎫ イリノイ州ピオリア
                           │S                              ⎬ 米国農務省研究所
        1.44〜4.8 µg/ml    NRRL-1951.B25                   ⎭
                           │X
                           X-1612                          ⎫ カーネギー研究所・
                           │UV (2750 Å)                    ⎬ ミネソタ大学
        153〜380 µg/ml     Wis.Q-176                       ⎭
                           │UV (2750 Å)
                           Wis.B13-D10 (nonpigmenting)
                           │S
        249〜324 µg/ml     Wis.47-638
                           │S
                           Wis.47-1564                     ⎫
                           │S                              │
        480〜701 µg/ml     Wis.48-701                      ⎬ ウィスコンシン大学
                           │NM                             │
        828〜1068 µg/ml    Wis.49-133                      │
                           │S                              │
        918〜1530 µg/ml    Wis.51-20                       ⎭
                           │UV (2537 Å)
                    ┌──────┬──────┐
                    X      E-1    NM
                  E-2             E-3
                                  │NM
                                  E-4
              ┌───────────────────┤NM
              E-5                 E-6
                                  │NM
              ┌───────────────────┤
              E-7                 E-8
                                  │NM
                                  E-9
                                  │NM
                                  E-10
              ┌───────────────────┤NM
              E-11                E-12                     ⎫
    ┌─────────┼─────────┬─────────┤         ┌──NM         │
    │NM       │NM       SA        │NM       │29           │
    15259     16534     16339     E-13                    │
                                  │NM       │NM           ⎬ リリー社
                                  E-14      29/163        │
                                  │NM                     │
                                  E-15*                   │
                                  │S                      │
        9000 µg/ml                E-15.1*                  ⎭
```

図 2・3 ランダム変異と選抜による育種の例（ペニシリン）．S：自然選抜，UV：紫外線照射，X：X線照射，NM：ナイトロジェンマスタード〔メチルビス(2-クロロエチル)-アミン〕，SA：サルコリシン〔p-ジ(2-クロロエチル)アミノフェニルアラニン〕

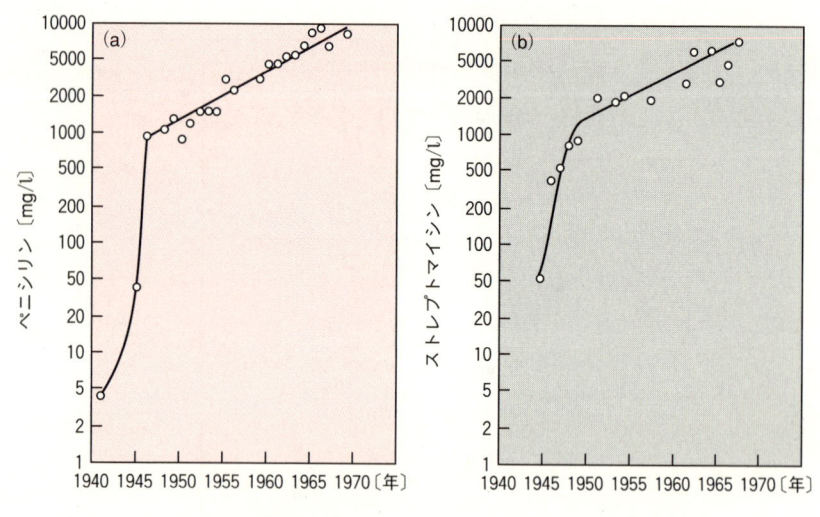

図 2・4　ペニシリン生産菌の育種 (a) とストレプトマイシン生産菌の育種 (b)

表 2・3　おもな変異剤とそれらによる変異の型

薬剤などの種類	例　示	誘起される変異
1) DNAに取込まれて変異を誘起する薬剤（塩基類似体）		
A. プリン類似体	2-アミノプリン	GC ⟶ AT AT ⟶ GC
B. ピリミジン類似体	5-ブロモウラシル	GC ⟶ AT AT ⟶ GC
2) DNAと化学反応をして変異を誘起する薬剤		
A. アルキル化剤	マスタードガス エチレンモノスルフェート ニトロソグアニジン	想定されるあらゆる変化を起こす
B. 脱アミノ化剤	亜硝酸	GC ⟶ TA AT ⟶ GC
C. ヒドロキシ化剤	ヒドロキシルアミン	GC ⟶ AT
3) DNAの塩基対間に挿入して変異を誘起する薬剤	プロフラビン アクリフラビン	塩基の付加や欠失
4) DNA塩基間の二量体をつくって変異を誘起する	紫外線	塩基の付加や欠失
5) DNA主鎖の切断や酸素ラジカル形成による変異誘起	X線	想定されるあらゆる変化を起こす

2・3 代謝制御の基礎

　いかなる生物も，自分が生存する（生き残り，子孫を残す）ために最も効率のよいさまざまな戦略をとれるよう準備を整えている．たとえば，大腸菌などはグルコースが最も好ましい炭素源であるので，ラクトースを共存した培地で培養すると，まずグルコースを消費するまでは，ラクトースを利用するための酵素系は発現しない．また一方，アミノ酸など生体に必須の化合物の生合成は，余分につくらないように，自分の生活に必要以上のアミノ酸を生産しないように制御系が働いている．このような代謝制御系のうちで重要なものは，以下に示す五つの原理によるものである（図2・5）．

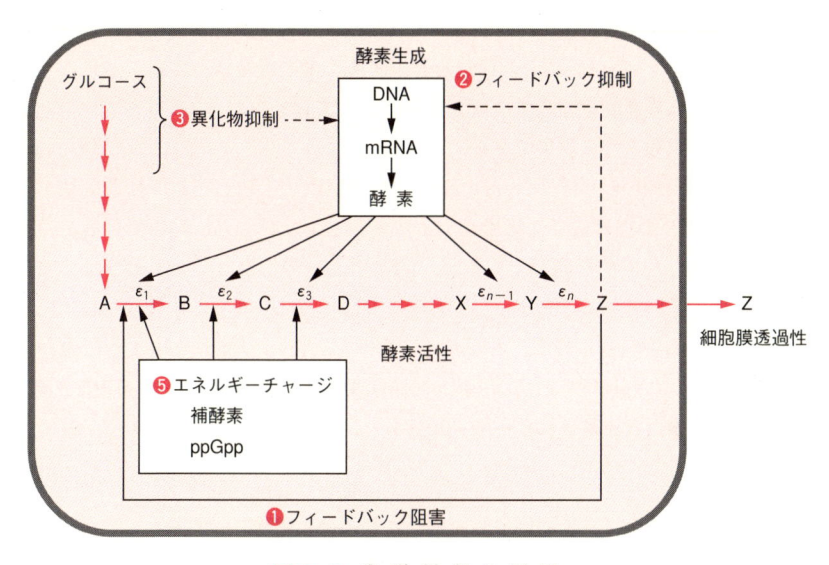

図2・5　代謝制御の例示

① **フィードバック阻害**（feedback inhibition）：通常，ネガティブフィードバック阻害を意味し，ある特定の代謝経路の終末産物が過剰生産されたことを合成経路の最初の酵素が認識して，その酵素活性を止めるように働くので，きわめ

② **フィードバック抑制**（feedback repression）：通常ネガティブフィードバックを意味し，ある特定代謝経路の終末産物の過剰生産を認識して，その一連の酵素群（オペロン）のメッセンジャー RNA の合成を止めるので，一連の酵素群の生産が止まることになるが，合成中間にある酵素の生産は止まらない．したがって，止める反応としてはフィードバック阻害よりも時間がかかることになる．

③ **異化物抑制**（catabolite repression）：グルコース効果といわれることもあるように，グルコースを発酵生産に用いるとしばしば生産性が抑制されることがある．これは，グルコースが代謝されることで，異化物抑制タンパク質が制御系に cAMP（サイクリック AMP）を通して働きかけることによって，酵素の生産が抑制される現象である．

④ **アテニュエーション**（attenuation）：アミノ酸の生合成系でよく見られる現象であるが，特定のアミノ酸を多く含む部位をタンパク質の上流部分にもつことで，メッセンジャー RNA の構造を終末アミノ酸の量を認識することにより変化させ，転写減衰を起こす現象である．トリプトファン，フェニルアラニンなどでよく認められる現象である．

⑤ **エネルギーチャージ**（energy charge）：AMP，ADP，ATP の総量に対する ATP，ADP の相対量で，細胞がエネルギーを生みだす方に動いているかの指標である．相対的な問題であるが，ATP が多い方に偏っているときは合成系が活発に働いていることを示していることになる．しかし，生物はつねに恒常性を保つ働きがあるので，ある条件における ATP は一定に保つように働いている．またこれに呼応して NADH（NADPH）と $NADH+H^+$（$NADPH+H^+$）の比率もまた代謝制御にとって大切であり，これを制御することも生産性に大きく寄与する．

ここで重要なことは，上のいずれの場合にも制御に関与しているタンパク質は**アロステリックタンパク質**とよばれるもので，図 2・6 に示すように活性に直接関与する活性部位のほかに制御部位であるアロ（他の）部位をもっていて，酵素の基質

---

* ［略号］　ATP：アデノシン三リン酸，ADP：アデノシン二リン酸，AMP：アデニル酸，NADH：ニコチンアミドアデニンジヌクレオチド（還元型），NAD^+：ニコチンアミドアデニンジヌクレオチド（酸化型），$NADP^+$：ニコチンアミドアデニンジヌクレオチドリン酸（酸化型），NADPH：ニコチンアミドアデニンジヌクレオチドリン酸（還元型），CoA：補酵素 A

以外の物質（たとえば代謝または生合成系の終末産物）を認識して酵素活性を制御することができるようになっていることである．

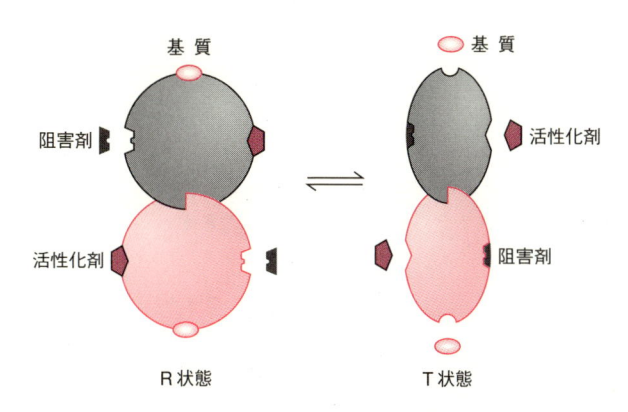

図 2・6　アロステリックタンパク質のモデル．R：反応できる状態，T：反応ができない状態．基質以外（阻害剤や活性化剤）が結合する部位がアロ部位である．

2・4　代謝工学の基本

　代謝工学とは，先に述べた代謝制御発酵の発展系ということができる．すなわち代謝制御発酵は，もっぱらある特定の化合物を合成するにあたっての固有の経路に注目してその制御系を意図的に変化させることで代謝の流れを変えて特定の目標物質をつくることをねらいとするのに対して，代謝工学では，遺伝子操作の手法を取入れることで特定固有経路以外の経路の強化や，外来の遺伝子を導入してこれまで存在しなかった経路を導入することで新しい物質をつくり出すことや，同じ経路であってもその数を増やすことで代謝の流れを変えることである．興味ある応用としては，エネルギー代謝の変化の導入による菌体当たりの生産効率の変化や，解糖系やクエン酸回路（TCAサイクル）の変化による末端化合物の合成量の変化，マクロライド系抗生物質発酵に見られるような新しい化合物の合成をあげることができる．

2・5　発酵生産の例示
2・5・1　グルタミン酸発酵

　グルタミン酸発酵は，わが国で発明され，技術的にも完成し，世界に広まった数

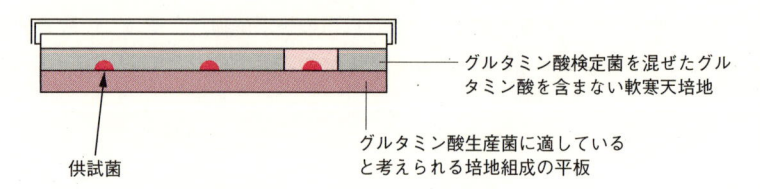

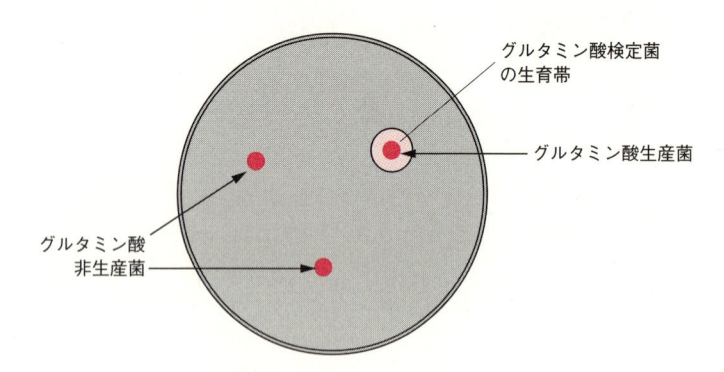

図 2・7　グルタミン酸生産菌のスクリーニング法

表 2・4　ビオチン量とグルタミン酸生産の関係

ビオチン濃度 〔μg/l〕	残糖グルコース (%)	pH	L-グルタミン酸 〔mg/ml〕	2-オキソグルタル酸 〔mg/ml〕	乳酸[†] 〔mg/ml〕
0.0	8.5	8.90	1.3	微量	微量
0.5	2.5	8.60	17.0	3.0	7.6
1.0	0.5	8.37	25.0	4.6	7.4
2.5	0.4	8.21	30.8	10.1	6.9
5.0	0.1	8.17	10.8	7.0	13.7
10.0	0.2	8.37	6.7	8.0	20.5
25.0	0.1	8.83	7.5	10.1	23.1
50.0	0.1	8.42	5.7	6.2	30.0

† 乳酸は発酵経過中の最大の値を示す.
基礎培地組成：グルコース 10.0%，K_2HPO_4 0.05%，$MgSO_4 \cdot 7H_2O$ 0.025%，$FeSO_4 \cdot 7H_2O$ 0.001%，$MnSO_4 \cdot 7H_2O$ 0.001%，尿素 0.5%，30℃，振とう培養，培養時間 72 時間

少ない例である.この発見に至るには,その時代的背景を忘れるわけにはいかない.すなわちわが国は,第二次世界大戦に敗れ,すべてを失った時期であり,完全に疲弊していた時期であった.

幸いにも米国の指導でストレプトマイシン発酵の技術が供与されていたので同様の発酵生産を試みる動きが活発であったことと,変異処理,生化学的実験手法(バイオアッセイ法と沪紙クロマトグラフィー)があったために容易にグルタミン酸を確認できたことである.その原理を図2·7に示す.また興味あることに,培地中のビオチン濃度に比例して生産量が変わるという新しい知見が得られた.すなわち表2·4に示すように,ビオチン濃度に応じた生産が発見された.また,きわめて大量(発見の時点で30g/l)に生産できたことが実用化への道を早めたといえる.この発酵はこれまで考えられなかった一次代謝産物を大量につくれる可能性を示したもので,リシン発酵で述べるように代謝制御発酵という新しい工業生産のジャンルを切り開いた画期的なものである.

グルタミン酸発酵の詳細な機構はいまだに完全に明らかとはなっていないが,表

表 2·5 グルタミン酸発酵成立の要因

内的要因(微生物の生理学的特徴)
・ビオチンを要求すること
・2-オキソグルタル酸の酸化能が低いか欠損していること
・グルタミン酸デヒドロゲナーゼの活性が強いこと
・NADPHの酸化能が欠除していること

外的要因(微生物の増殖環境条件)
・酸素濃度
　グルタミン酸の生産(通気量が十分)⟵⟶乳酸またはコハク酸の生産(通気量不足)

・アンモニアの濃度
　グルタミン酸の生産(適量,過剰でもよい)⟵⟶2-オキソグルタル酸の生産(欠乏)

・pHが中性から微アルカリ性であること
　グルタミン酸の生産(中性から微アルカリ性)⟵⟶N-アセチルグルタミン酸の生産(酸性)

・クエン酸の濃度
　グルタミン酸の生産(高濃度)⟵⟶バリンの生産(少量)

・ビオチンの濃度
　グルタミン酸の生産(制限量)⟵⟶乳酸またはコハク酸の生産(飽和)

2・5に示すような要因がその生産に必要であることがわかっている．表2・5にまとめてあるが，ビオチン量や通気量の変化によって，グルタミン酸発酵は異常発酵へと容易に変換する（図2・8）．

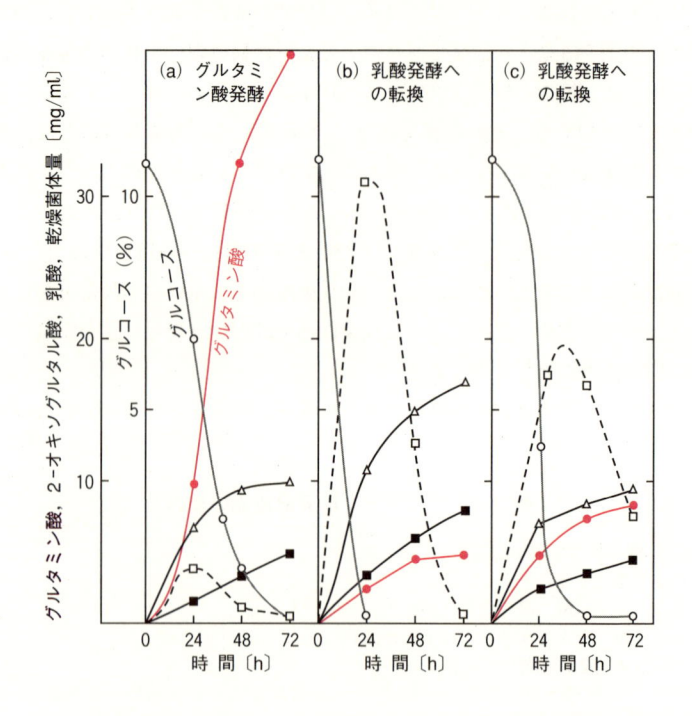

●―● グルタミン酸　　　○―○ グルコース　　　△―△ 菌体量
□…□ 乳　酸　　　■―■ 2-オキソグルタル酸
基本培地組成：グルコース10%，KH_2PO_4 0.05%，K_2HPO_4 0.05%，
　　　　　　　$MgSO_4 \cdot 7H_2O$ 0.025%，$FeSO_4 \cdot 7H_2O$ 0.001%，
　　　　　　　$MnSO_4 \cdot 4H_2O$ 0.001%，尿素 0.5%
培養条件：(a) ビオチン 2.5 μg/ℓ，撹拌 450 rpm．通気等量
　　　　　(b) ビオチン 25 μg/ℓ，撹拌 450 rpm．通気等量
　　　　　(c) ビオチン 2.5 μg/ℓ，撹拌 300 rpm．通気等量

図 2・8　グルタミン酸発酵とその異常発酵の例示

ビオチンの役割については，当初，1) ビオチンが脂肪酸合成の必須酵素であるアセチル CoA カルボキシラーゼの構成成分であるところから，ビオチンの濃度を変化させることで細胞膜の透過性が変化することや，2) 界面活性剤やペニシリン

類を与えることで細胞膜・細胞壁成分に直接的な変化を与えることが仮説としてあげられ，グルタミン酸が膜透過性の変化によって自然に菌体外排出（グルタミン酸の漏出モデル）が起こると考えられてきたが，今日ではこれらのことで必ずしも説明ができないこともわかってきた．たとえば，ビオチン制限下においてもある種のイオンや有機酸の透過性には変化がないことや，膜の流動性にも変化がないという証拠も示されている．さらにビオチンの制限下では 2-オキソグルタル酸デヒドロゲナーゼ複合体が減少し，これによってよりグルタミン酸が生産されるようになったことが示されてきた．このように，生体内における代謝の流れの変化が大きく関与していることも示されている．これからはこのようないわゆる代謝工学的な解析と，その利用によって，グルタミン酸発酵の謎も解き明かされていくものと期待される．

　グルタミン酸発酵は，ここまで述べてきたように初めて見つけられたアミノ酸発酵である．しかも窒素を固定するきわめて重要な反応であり，また単一のL-アミ

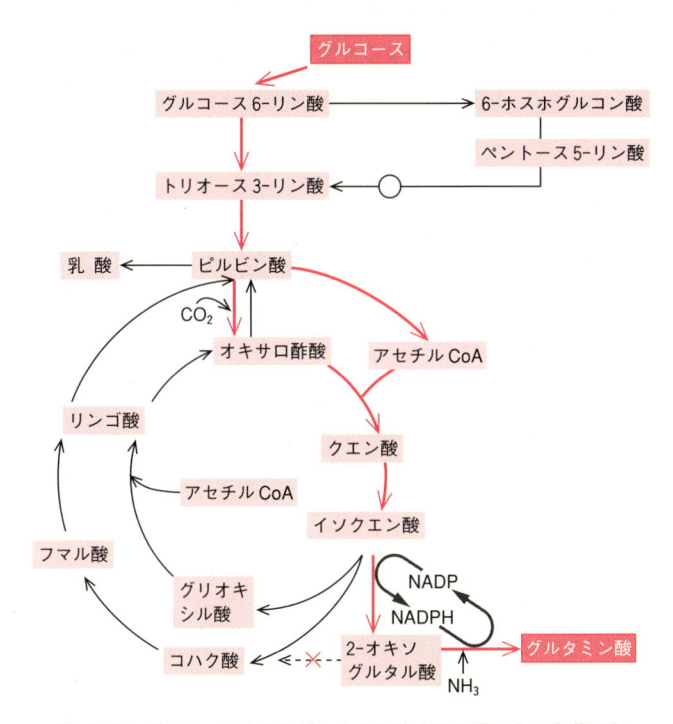

図 2・9　グルコースからのグルタミン酸生産に関与する代謝経路

ノ酸をつくった最初の例である．ここではクエン酸回路の制御がかなり重要な役割を果たすとともに NADPH をいかに効率よく供給するかもきわめて重要な課題である．図2・9に示すように，本菌（*Corynebacterium glutamicum*）においてはクエン酸回路が2-オキソグルタル酸デヒドロゲナーゼ複合体のところで細くなっている．すなわちそれ自体で生きていくためには，エネルギーが十二分に供給される必要がある．この図に表されている特徴的なところは，上にも述べたように2-オキソグルタル酸デヒドロゲナーゼ複合体がもともと少ないうえに，ビオチンを制限することで減少することである．また，還元的アミノ化に必要な NADPH が効率よくリサイクル生産される必要がある．これは，イソクエン酸デヒドロゲナーゼとグルタミン酸デヒドロゲナーゼが共役して反応することで達成できる．また，図2・9に示すようにグリオキシル酸回路が効率よく回転することで，グルタミン酸の原料となるイソクエン酸が二酸化炭素を固定しつつ効率よく生産される．

2・5・2 リシン発酵

　グルタミン酸発酵の生産は，その後の各種アミノ酸発酵への道を開くものである．つまりその当時わかっていた代謝経路から，適切な代謝変異株（たとえばある特定の酵素の生成を止めるブロック変異株）を誘導することで特定のアミノ酸を蓄積させることは容易に推定できることであった．もちろん実際にはさまざまの工夫が必要であるが，リシン発酵生産には，まずホモセリン要求株の造成が思いつくところである．図2・10に示すように，ホモセリン要求株の造成でかなりのリシンを蓄積

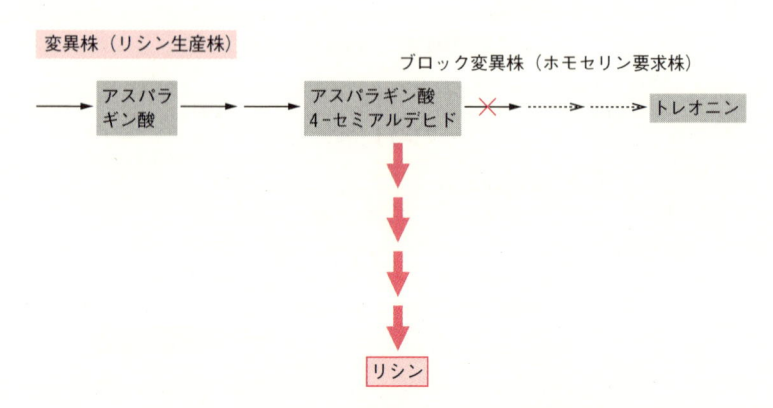

図 2・10　ホモセリン要求株によるリシン生産の原理

することは比較的容易に達成できた．しかし，なかなか大量の生産は達成できなかった．それは図2・11に示すように，リシンの生産には各種の代謝制御がかかっ

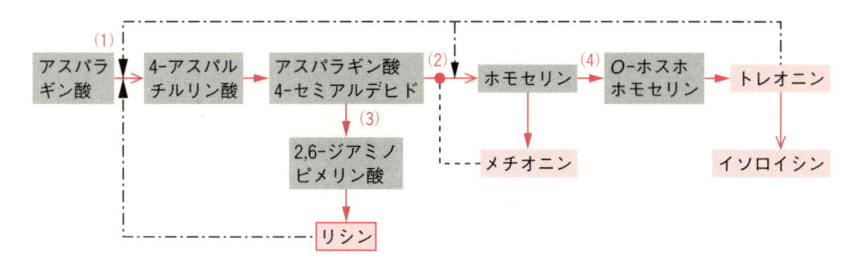

図2・11 *Corynebacterium glutamicum* におけるアスパラギン酸生合成系の代謝制御．—・—・—フィードバック阻害，------フィードバック抑制．(1)〜(4)はそれぞれの段階の酵素を示す．

ているからであった．そこでこれらの制御を受けるタンパク質がアロステリックタンパク質であることを考え，リシンの類似体（リシンの一つの炭素を硫黄に置き換えたチアリシン，図2・12参照）耐性を付与することで代謝制御を受けない変異株

図2・12 リシンとチアリシンの化学構造

（脱感作変異株という）を得ることにより，大量のリシン生産が可能となった．これは以後の各種アミノ酸発酵や核酸関連物質発酵のモデルとなった．

2・5・3 抗生物質発酵

抗生物質発酵の生産性の向上は，アミノ酸発酵に先んじて行われたことであり，生合成経路もわからないまま，またよい変異剤もなかった状態でのまったく単純な

変異，選抜の繰返しであったが，先に述べたようにペニシリンの生産は飛躍的に伸びている．このような例はストレプトマイシンでも認められたことであり，経験則ではあるが抗生物質のような二次代謝産物は，ランダム変異と選抜の繰返しでも，かなりの生産性の向上が短期間のうちに達成される（図2・4）．

もちろん今日では生合成経路が明らかとなることで意図的な生産性の向上や，代謝工学による遺伝子のシャフリング（図2・13）による新規抗生物質の創出も可能になってきている．その例としては生物の生命現象維持に必要な化合物生成系であるポリケチド系生合成を利用して合成されるエリスロマイシンなどのポリケチド系抗生物質や，各種生体系に必要な糖誘導体合成系に由来するストレプトマイシンなどのアミノグリコシド系抗生物質で，代謝経路の導入や交換により新規抗生物質を

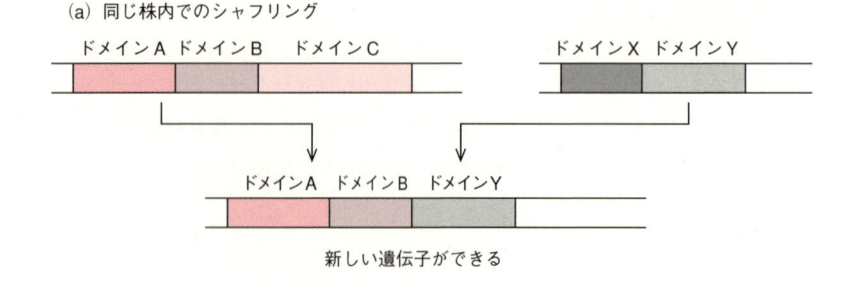

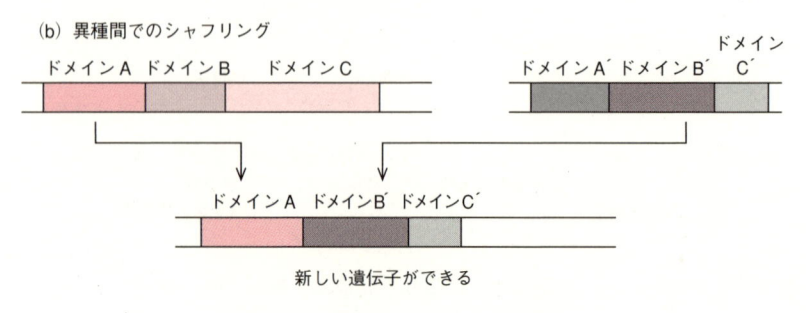

図 2・13　遺伝子シャフリングの概念図

つくることが示されている．

図2・14に示すように，*Saccharopolyspora erythraea* において，6-デオキシエリスロノリドBとエリスロノリドBの合成に関与する酵素の構造遺伝子の変異，ま

たは 6-デオキシエリスロノリド B 合成酵素の遺伝子に異種 DNA を導入して欠損を起こすことで，新たに 3 種の新エリスロマイシン誘導体（2-ノルエリスロマイシン，6-デオキシエリスロマイシン，Δ6,7-アンヒドロエリスロマイシン C）の合成

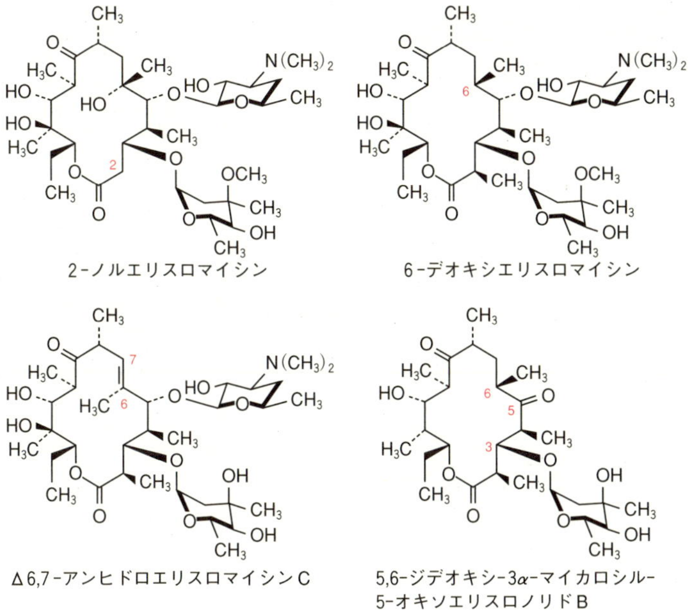

2-ノルエリスロマイシン

6-デオキシエリスロマイシン

Δ6,7-アンヒドロエリスロマイシン C

5,6-ジデオキシ-3α-マイカロシル-5-オキソエリスロノリド B

図 2・14　組換え S. erythraea による新規エリスロマイシン誘導体

に成功した．これらは，いずれも化学合成ではコストが高くなりすぎるので合成できなかったものである．また 6-デオキシエリスロマイシンは，酸に対する安定性がこれまでに広く用いられてきたエリスロマイシン A よりも優れている．

また一方，アミノグリコシド系抗生物質では，生産期変異株（アミノグリコシド系の共通中間体である図 2・15 の R 部分を蓄積する変異株；イディオトローフ，idiotroph）を造成し，さまざまなアミノ糖を添加することで，これまで得られなかった混合型抗生物質（**ハイブリマイシン**，hybrimicin）を得ることも可能になってきている（図 2・15）．

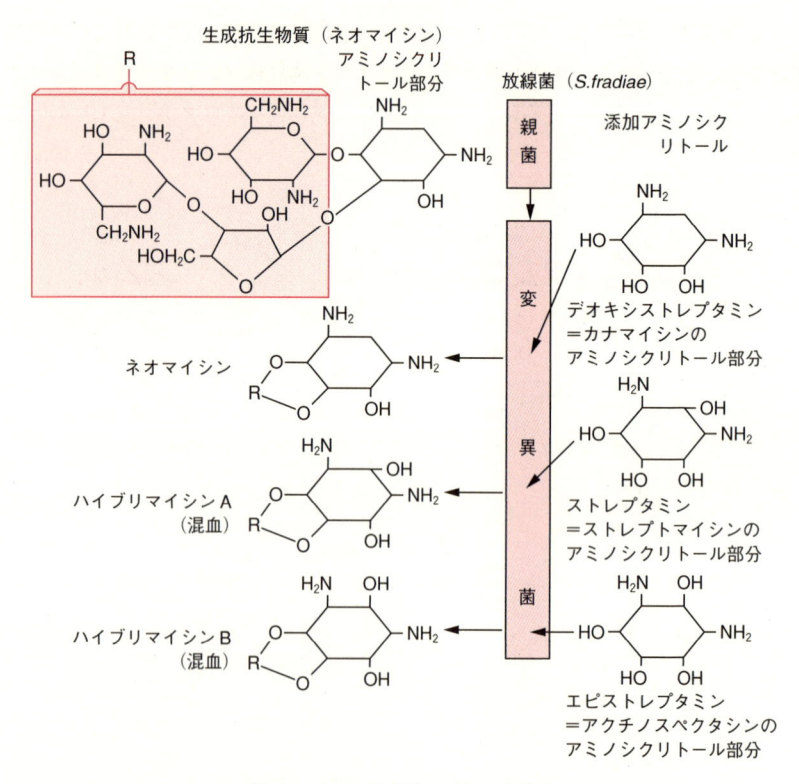

図 2・15 ハイブリマイシンの生産

2・5・4 ピルビン酸発酵

ピルビン酸は，解糖系の最終産物であり，クエン酸回路への入口に位置している重要な化合物である．またピルビン酸は，医薬品〔DOPA (3,4-ジヒドロキシフェニルアラニン) など〕や化学品の出発物質として重要である．また最近は，フロンに代わる電子基盤などの洗剤としての有効性が確かめられている重要な化合物である．ピルビン酸の生産については，これまでの代謝制御発酵にならってピルビン酸デヒドロゲナーゼ複合体の制御（たとえば，リポ酸要求性やチアミン要求性変異株）の利用で行ってきた．しかしながら代謝中枢系に属する有機酸であるところから，その生産性の度合いには限度があった．

そこで遺伝生化学的に最もよく解明されている大腸菌を利用して，酸化的リン酸

化ができなくなった変異株を作製することを試みた．すなわち，大腸菌は好気的にも嫌気的にも生育できるので，酸化的リン酸化による ATP 生産を欠如させ，いわゆる基質レベルでのリン酸化のみで ATP を供給するには，解糖系の回転を速くすることが必須であるように改変するのである．これはこれまでの代謝制御発酵が目的物質に固有の生合成経路に注目して意図的な改変を試みたのに対して，エネルギー代謝系に注目した"代謝工学"的発想に基づく発酵生産の向上をはかる初めての試みであった．図 2・16 に示すように F_oF_1-ATP 合成酵素欠損を導入することで

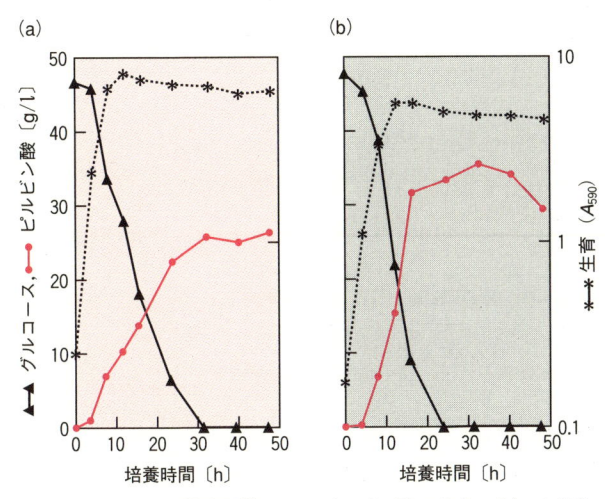

図 2・16　**大腸菌変異株によるピルビン酸の生産**．(a) リボ酸要求株，(b)（リボ酸要求＋F_1-ATP アーゼ欠損）変異株．

ATP の生産は基質レベルでの生産のみに限定されるため，生育に必要な ATP を確保するために解糖系が著しく速い回転をする必要がある．またこのことを達成するにはグルコースの取込み系（ホスホトランスフェラーゼ系，PTS 系）の向上も必須となる．これにはホスホエノールピルビン酸が多く生産されることが必要である．それらの結果としてどうしてもピルビン酸が多く蓄積されることになると考えられる．この機構は，表 2・6，図 2・17 に示すように，菌体当たりの糖消費速度の上昇と糖の代謝量の増大に伴って過剰に生成される NADH を再酸化して解糖系の流れを円滑にする系の増大〔細胞膜中のシトクロム b の含有濃度の上昇（3倍）〕が認められた．このほかにピルビン酸キナーゼ I が約 1.5 倍に増殖していることや，

表 2・6 糖消費とピルビン酸生産

	W1485lip2	TBLA-1
F_1-ATP アーゼ活性〔μmol/min・mg タンパク質〕	6.3	0.09
(A) 生育 (A_{590})	8.5	5.7
(B) グルコースの消費〔g/l〕	32.1	40.4
(C) ピルビン酸の生産〔g/l〕	13.5	25.9
(B)/(A)	3.8	7.1
(A)/(B)	0.26	0.14
(C)/(B)	0.42	0.64

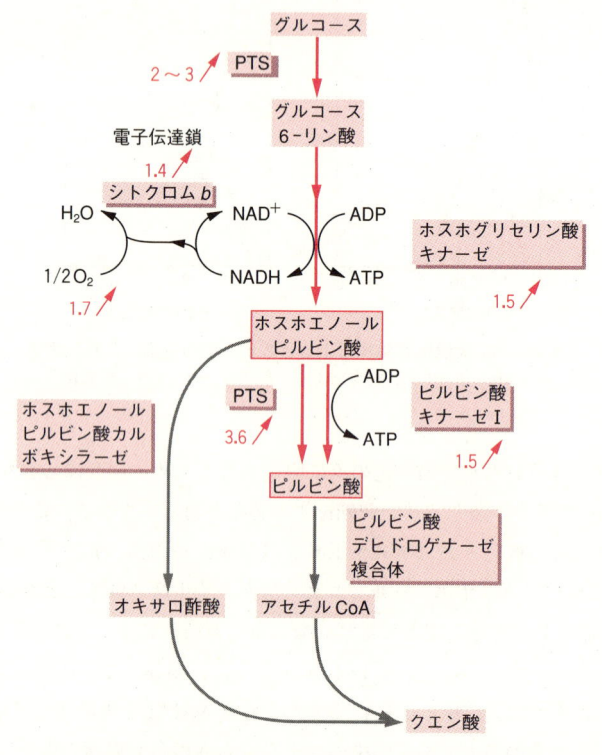

図 2・17 ATP 合成酵素欠損株における代謝の変化. 赤い数字は親株に対する比率.

過剰生産されるホスホエノールピルビン酸（PEP）は，糖の取込み系を促進することにも働いており，ATP 合成酵素の欠損による糖の代謝の促進が大腸菌内のエネルギー代謝全体に大きな影響を与えることがわかった．このようなエネルギー代謝の変異による，細胞内エネルギーレベルに対応した発酵生産の向上が可能であることが示された．

2・5・5 トリプトファン発酵

　トリプトファンの生合成は複雑であり，またその代謝制御系も複雑で，単純な固有経路のみの変異ではその生産性はあまり向上しないことが知られている．類似体（アナログ）は，本来の基質と同じ構造をもつがタンパク質合成に使われないので酵素タンパク質に結合したままとなるため，正常な酵素反応を阻害する．そこで図 2・18 に示すようにトリプトファンの各種の類似体に耐性な変異を積み重ねたが，あまり大きな生産性の向上は認められていない．一方，飼料用アミノ酸などとしての需要は高く，その生産性の向上はつねに求められていた．このようなアミノ酸生産向上にあたっては，単一の代謝経路だけではなく，多くの代謝系を同時に強化する必要があることが示唆されていた．

　このような考え方に則り，まずトリプトファン生合成系の最初の酵素である 3-デオキシ-D-*arabino*-ヘプツロソン酸 7-リン酸合成酵素（DS）(1) の増幅が起こるように遺伝子組換えしたところ，DS の活性は 8 倍に上昇したもののトリプトファンの上昇はごくわずかであった．ここで用いた親株は，チロシンとフェニルアラニンによるフィードバック阻害を受けないものとしたにもかかわらず，トリプトファンの上昇はごくわずかであった．これはコリスミ酸の量が上昇したためと判明した．そこでアントラニル酸合成酵素(3)を強化して反応を先に進めるように試みたが，かえってよくなかった．この組換え株では，DS，アントラニル酸合成酵素，アントラニル酸ホスホリボシルトランスフェラーゼ（PRT(4)）の活性は期待どおり上昇したが，トリプトファンはかえって減少した．これはアントラニル酸が蓄積したためであることが判明した．つまり PRT が律速になっていることを示している．そこでさらに PRT をトリプトファンに対し脱感作することで，43g/l のトリプトファン生産が可能となった．ここでは期待したとおりにコリスミ酸の蓄積はほとんどなく，またアントラニル酸は，まったく蓄積されなかった．しかしながらこの条件ではもう一つの基質であるセリンが不足することが判明したので，さらにセリン合成系の最初の酵素である 3-ホスホグリセリン酸デヒドロゲナーゼを増強したと

ころ 50 g/l のトリプトファンが生産された．これはトリプトファンの培養液への溶解度を超えるもので，結晶状のトリプトファンが生産された．なお(2)の酵素は欠失させ，チロシンとフェニルアラニンが生成しないようになっている．

このように発酵生産における代謝工学の有効性が示されたが，これは遺伝子操作が容易となって初めて実現できたものである．

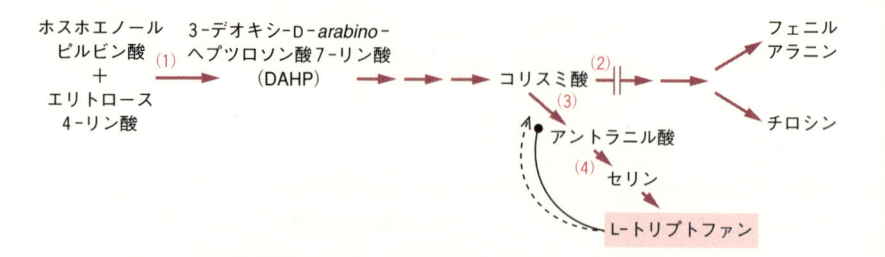

Corynebacterium glutamicum	トリプトファン生産量 〔g/l〕
KY 9456 （Phe⁻Tyr⁻） 5MT^r, TrpHx^r, 6FT^r, 4MT^r	0.15
4MT-11 PFP^r	4.9
PFP-2-32 PAP^r	5.7
PAP-126-50 TyrHx^r	7.1
Tx-49 PheHx^r	10.0
Rx-115-97	12.0

図 2・18 *Corynebacterium glutamicum* のトリプトファン生産性変異株の誘導．
Phe⁻Tyr⁻：フェニルアラニン，チロシン要求性；5MT^r：5-メチルトリプトファン耐性；TrpHx^r：トリプトファンヒドロキサメート耐性；6FT^r：6-フルオロトリプトファン耐性；4MT^r：4-メチルトリプトファン耐性；PFP^r：*p*-フルオロフェニルアラニン耐性；PAP^r：*p*-アミノフェニルアラニン耐性；TyrHx^r：チロシンヒドロキサメート耐性；PheHx^r：フェニルアラニンヒドロキサメート耐性

2・6 スケールアップの考え方の基本

発酵を物質生産の手段とするには大型の発酵槽（発酵タンク）を用いる必要がある．その場合には，フラスコによる実験室レベルの生産から大型発酵タンクでの生

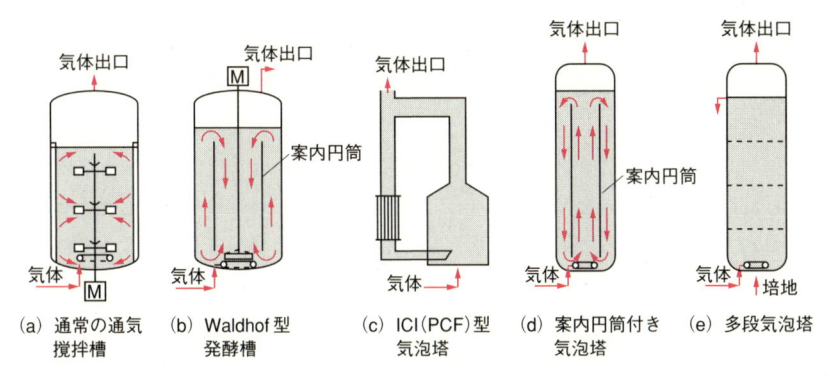

図 2・19 各種発酵槽

(a) 通常の通気撹拌槽
(b) Waldhof 型発酵槽
(c) ICI(PCF)型気泡塔
(d) 案内円筒付き気泡塔
(e) 多段気泡塔

表 2・7 各種発酵槽の運転条件と酸素移動速度

		内容量〔ml〕または回転数〔rpm〕	酸素移動速度〔O_2 mg・s^{-1}〕
ロータリー振とう機 220 rpm, 30℃, 直径 5 cm	250 ml コニカルフラスコ	15 ml	0.042
		20	0.036
		30	0.025
	250 ml コニカルフラスコ じゃま板1枚	30	0.147
	スプリング型じゃま板	30	0.240
往復振とう機	500 ml 坂口フラスコ	20	0.120
		30	0.072
	50 ml 試験管	10	0.074
5 l ジャーファーメンター	3 l (操作量) + 1 vvm†	400 rpm	0.120
		500	0.210
		600	0.260
		700	0.305
		800	0.340
		900	0.740
300 l 発酵タンク	150 l + 1 vvm	200	0.220
		300	0.350

† vvm: 培養液量あたり1分間あたりの通気量

産をめざしたスケールアップを考える必要がある．どのような装置があるかを図2・19に示す．通気撹拌槽，気泡塔，横型通気撹拌槽などにはそれぞれ特徴があり，発酵に使用するにあたってどの容器を選択するかは，使用する微生物（細菌，カビ，酵母），生産物，酸素供給速度（溶存酸素量），剪断力が大きな判断要素となる．

撹拌速度は，大型になるほど撹拌翼による剪断力，酸素移動速度（溶存酸素量），シード（種菌）量に注意を払う必要がある．たとえば，酸素移動速度（OAR）は，使う容器と撹拌数などによって表2・7に示すように大きく異なる．これらの値を参考にしてスケールアップを試みるのが通常であるが，今日では溶存酸素電極や還元電位計が進歩してきたので，これらを有効に活用して通気量や撹拌速度，そして場合によっては用いる空気中の酸素量を変化させることで，古くに行われていた経験則ではなく，客観的に判断し，制御することが可能になってきている．

2・7 微生物による環境浄化の基礎

微生物の地球上における最も重要な働きの一つは，元素の循環である．たとえば，光合成によってつくられた各種の有機物を無機化するとともに，それらを消費している．このように，微生物による分解と消費がバランスして初めて，地球上における物質（元素）の循環が定常状態を保つことができるようになるのである．しかしながらヒトの，化石資源の大量消費をはじめとする環境汚染によって，このような地球上における物質収支平衡が崩壊しつつある．つまり我々人類が生産と環境との調和を保つことができなければ，地球環境は汚染され続けるであろうと考えられている．

2・7・1 廃水処理

廃水処理もまた古くからの重要な微生物利用技術の一つである．一般的なプロセスは，固体と液体を分離する技術や，溶解性物質を分解あるいは不溶化する技術を組合わせたものである．微生物処理法は好気法（活性汚泥法，生物膜法，散水沪床法，酸化法），嫌気法があり，嫌気法にはメタン発酵技術が利用されている．これらはかなり完成度の高い技術が多いが，脱リン，脱窒素の効率を上げることが課題である．

また，発酵工場や食品工場のように資源化可能な有機物の多い汚水は，そのCOD（化学的酸素要求量）の濃度によって分別処理することの方が，資源リサイクルの考えからも得策である．その例示を図2・20に示す．

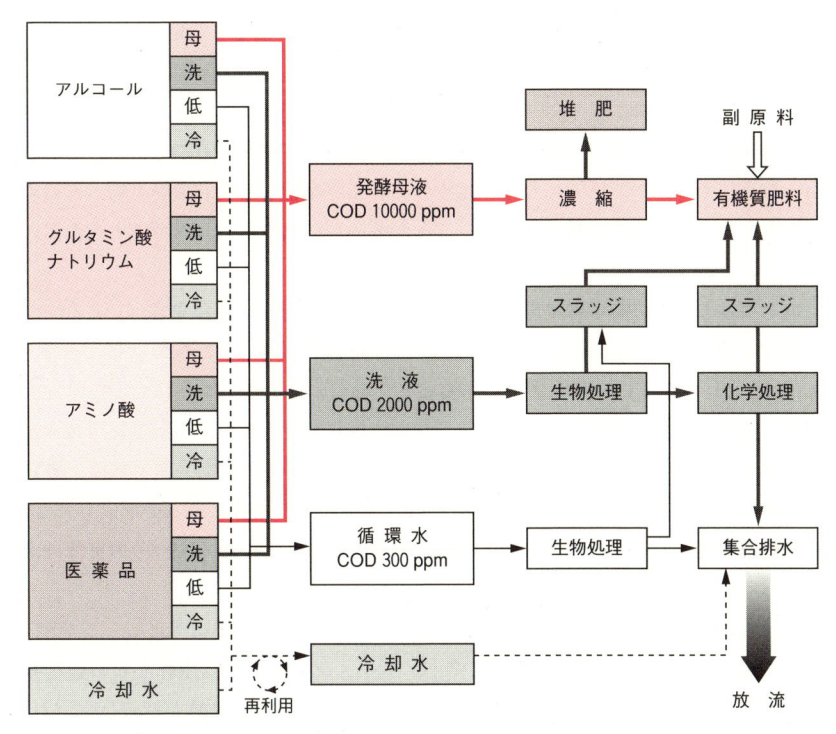

図 2・20 発酵生産工場の排液処理システム例. 母：発酵母液，洗：洗液，低：循環水，冷：冷却水

[汚染の指標]　**BOD**（biochemical oxygen demand，生化学的酸素要求量）：汚水中の還元物質が微生物の呼吸作用により酸化される際に消費される酸素量をいう．通常 20 ℃，5 日間で消費された溶存酸素量を 100 万分の 1 単位（ppm）または mg/l で表現する．

COD（chemical oxygen demand，化学的酸素要求量）：水中に含まれる有機物の指標として，有機物質を化学的に酸化するとき消費した酸化剤の量に相当する酸素量をいう．酸化剤として過マンガン酸カリウムや重クロム酸カリウムを用いて消費された酸素量を測定する．

TOC（total organic carbon，全有機炭素）：炭素を急速に燃焼させ，発生する二酸化炭素を赤外分光法で測定する．

SS（suspended solids）：水中に浮遊する物質または懸濁物質をさす．検査汚水を

1μm のガラス繊維沪紙で沪過し，蒸発乾燥して残留物の重量を測定する．

2・7・2 コンポスト化（堆肥化）

動物の糞尿をコンポスト化（堆肥化）して肥料として使用することは，古くからある農業技術の一つである．都市塵埃や食品産業廃棄物などの有機廃棄物（有機未利用副生物あるいは未利用資源ということが多い）の処理にもコンポスト化が用いられている．

コンポスト化（コンポスト発酵）は，典型的な自然発酵（複合発酵）である．微生物学の視点からは，コンポスト化のおもな微生物叢（マイクロビオータ，microbiota）の構成は，最も興味のあることである．コンポスト化においては，細菌類，真菌類，原生動物などから構成される微生物叢が通常である．コンポスト化の素材の一つである家畜糞尿には，約 30 % を占める腸管微生物，飼料残渣，敷料渣，または家畜飼育施設や近辺の土壌からの微生物叢の遷移によって形成される．これらが変化して一定の固有の微生物叢が形成されることになるが，その実体は研究途上である．

これらのコンポスト化は，自然発酵によっているが，たとえばサイレージ発酵*では，嫌気的な乳酸蓄積による反応停止，ルーメン発酵**では生体からの動物唾液の流入による中性化と胃壁の生産物吸収によって連続的な発酵が持続している．一方，有機性の産業廃棄物からのコンポスト化では，切返しや曝気などの好気条件の確保によって好気性反応が進行し，有機物はしだいに無機化して生物学的に分解困難で安定した腐植質に変換され，コンポスト化が完了する．この過程に関与する微生物製剤（**スターター**）も開発されているが，その微生物叢は明確でないものが多い．

そのなかで，初めてコンポスト化スターターとして成功したものとして，畑ワサビの廃棄物のコンポスト化がある（図 2・21）．4 種の微生物で低温（約 5 ℃）から温度上昇とコンポスト化が行われることが示された．畑ワサビは，秋に収穫され秋から冬にかけて製品化を集中的にはかるため，廃棄物がこの時期に集中して生産される．この期間は低温のため廃棄物を野積みにしても環境問題は起こらないが，春先に気温の上昇とともに腐敗が起こり環境問題を惹起していた．そこで低温でも

---

* サイレージ発酵：家畜の飼料調製のための嫌気的乳酸発酵
** ルーメン発酵：反すう動物の胃で行われる嫌気的複合微生物による発酵．リグニン，セルロースが分解されて飼料効率が上昇する．

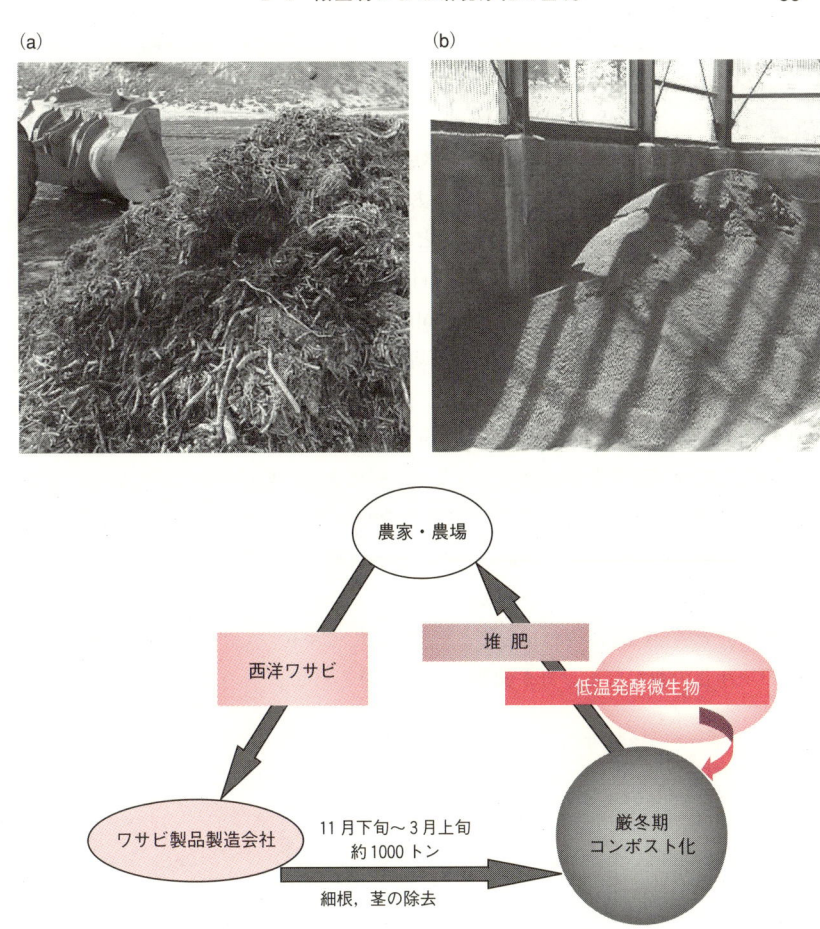

図 2・21 ワサビからの廃棄物 (a) とそのコンポスト化 (b)

廃棄物をただちに処理する必要がある．しかしながら低温ではコンポスト化の開始が遅く，その速度も緩やかであった．そこでこのコンポスト化の過程の各温度域から微生物を分離し，コンポスト化に寄与している微生物を検索した．その結果，低温環境から最初に温度を上げる微生物として *Geotrichum candidum* KBO-A，中温域で活動する *Rohnella* sp. KWO-B および *Pseudomonas* sp. KWO-C，高温域で活動する *Candida austromarina* KWO-D を適切な比率でワサビ廃棄物に低温下で加え

ると，コンポスト化が24時間以内に始まり，いったん高温に達するとビニール被覆などの簡易被覆で十分にコンポスト化が進行することが初めて明らかになった．

2・7・3 バイオレメディエーション（微生物修復）

微生物によって環境汚染を人為的に除去して修復する過程を**バイオレメディエーション**（微生物修復，bioremediation）という．これは土壌汚染，地下水汚染，海洋汚染などに広く使用されている．特に自然界には，これまで存在していなかった物質〔これを**ゼノバイオティクス**（xenobiotics）とよぶ〕DDT（p,p'-ジクロロジフェニルトリクロロエタン），PCB（ポリ塩素化ビフェニル），ダイオキシンなどの，微生物による分解が期待されている．

組換えDNA手法を初めて利用した難分解物質の分解に関する興味ある事例として，有害性難分解物質を分解資化する多様な微生物群が発見されてきている．しかもそれらがプラスミドによってコードされた分解酵素によっていることが示された．ここで最初に利用されたのは，*Pseudomonas* 属およびその近縁菌である．これらのプラスミドの分解酵素をひとまとめにしたものを作製し，さまざまの有害性難分解物質の分解を同時に行わせることができることが初めて示され，微生物を利用した環境浄化の新たなる分野が開拓された（図2・22）．このようなものの例示と

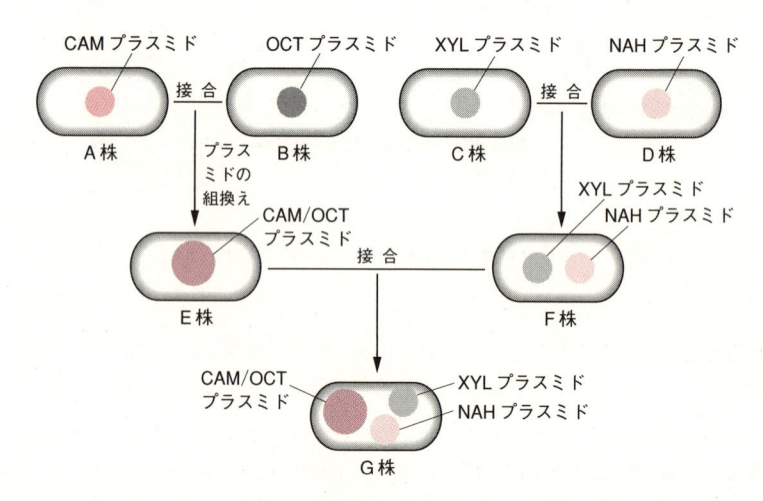

図2・22 複合プラスミドをもつ菌株（スーパーバグ）の構成．CAM：ショウノウ分解．OCT：オクタン分解．NAH：ナフタレン分解．XYL：キシレン分解

して，表2・8に示すように多数の有害性難分解物質分解酵素をもったプラスミドが知られており，これらの活用が期待される．

表 2・8 難分解物質の分解に関与するプラスミド

プラスミド	難分解物質	プラスミドの大きさ〔kb〕
SAL	サリチル酸	60
SAL	サリチル酸	72
SAL	サリチル酸	83
TOL	キシレン/トルエン	113
pJP 1	2,4-D	87
pJP 2	2,4-D	54
pJP 3	2,4-D	78
CAM	ショウノウ	225
XYL	キシレン	15
pAC 31	3,5-ジクロロベンゼン	108
pAC 25	3-クロロベンゼン	102
pWWO	キシレン/トルエン	176
NAH	ナフタレン	69
XYL-K	キシレン/トルエン	135

バイオレメディエーションには，汚染現場に生息している微生物の活動を促進して自浄作用を高めることで環境修復を期待する**バイオスティミュレーション**（微生物促進法，biostimulation）と，培養した浄化微生物を導入する**バイオオーグメンテーション**（微生物添加法，bioaugmentation）の二つがある．

1989年米国アラスカ沖のエクソンの原油大量流出事故では，微生物の生育を助ける栄養剤散布によるバイオスティミュレーションが採用されて，ある程度の成功を収めた．また1990年の米国テキサス沖の原油流出事故では，微生物製剤（石油分解菌）が散布されてある程度の成功を収めている．類似の化石燃料の流出事故対策用にさまざまな微生物製剤が市販されているがその実体はまだ明らかではなく，チーズ産業などのスターターと比べるとまだ科学的・技術的レベルは低いところにあり，今後の進展が必要な分野である．

それでも現状をまとめると，化石燃料やゼノバイオティクスによる汚染では，汚染場所（*in situ*）における汚染物質の特定と濃度の調査，分解微生物製剤の検索，処理システムの検討，実験室的な予備試験，実地試験，実用化というスキームはで

きているといえよう.一番大きな問題は,微生物学的な知見がまだ少ないことと,処理システムが十分に検討されていないことにあるといえる.たとえば土壌汚染では,汚染土壌へのリンや窒素化合物などの微生物の栄養源散布剤の種類と方法,そして通気撹拌の方法,水分添加によるスラリー法やカラム土壌処理法の必要性など多くの問題を抱えている.このようなバイオリアクターによる以外にも,前に述べたコンポスト化も汚染物質によっては土壌処理に応用可能である.

2・8 グリーンケミストリーの可能性

グリーンケミストリー(green chemistry)とは,化学物質が環境に与える影響を最小限にすることと化石燃料の消費の抑制による資源・エネルギーの節減をめざし,持続的発展をめざす社会に必須な化学・化学技術体系である.これまでの化学は,効率的な大量生産によって20世紀の物質文明に大きく貢献してきたが,一方化学物質,特に残留性有機物質などがひき起こす長期・広域にわたる環境汚染,健康への影響は,社会不安や化学に対する不信を惹起してきている.また,エネルギー・物質の大量消費,廃棄による資源の枯渇と環境汚染の加速度的な進行によって地球が破局を迎えるという恐れが出てきている.

グリーンケミストリーのねらいには,次の3点がある.1)化学合成は,目的生産物に対する副産物の比率が高いので,これを低下させる必要がある(表2・9).

表 2・9 化学合成の効率(副産物と目的物質の比)

	年間生産量〔$\times 10^6$ トン〕	副産物/目的物質
石油精製	$10^6 \sim 10^8$	約 0.1
基礎化学品	$10^4 \sim 10^6$	$<1 \sim 5$
ファインケミカル	$10^2 \sim 10^4$	$5 \sim 50$
医薬・農薬	$10 \sim 10^3$	$25 \sim >100$

2) 経済性,効率性の向上,3) 化学と社会の間の信頼関係の構築である.これらの実現のためにバイオテクノロジーが貢献できる点について,以下に概説する.

2・8・1 グリーン化学原料——再生可能資源(バイオマス)の利用

グリーンケミストリーの背景には,環境汚染物質の排出規制と廃棄物処理を中心

2・8 グリーンケミストリーの可能性　　　　59

とするものでは実質的な効果があまりなかったという実態があり，発生した問題を解決するのではなく，排出を本質的に減少あるいはなくすことがこれからの課題であるとの方向に向かっている．すなわち環境汚染の防止（prevention）を優先させることにある．

そこで原料の選択はきわめて重要な課題である．現在は，化石燃料が化学品の原料の主体をなしているが，化石燃料の大量消費は炭素の循環サイクルを攪乱している．再生可能な原料である生物資源（**バイオマス**）を化学品合成のために使うことが重要な課題である．

バイオマスは再生が可能であるが，その形態が多種多様で散在しているため，一定のまとまった量を確保することは困難なことが多い．しかし石油化学工業が盛んになる前に用いられた資源は，糖質系バイオマス（穀物），油脂系バイオマス（油糧作物），セルロース系バイオマス（木材）であった（図2・23）．これらを化学品

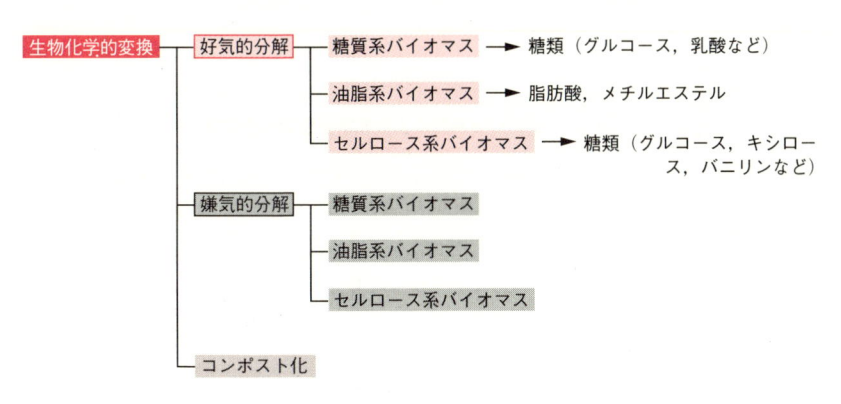

```
生物化学的変換 ─┬─ 好気的分解 ─┬─ 糖質系バイオマス   → 糖類（グルコース，乳酸など）
                │              ├─ 油脂系バイオマス   → 脂肪酸，メチルエステル
                │              └─ セルロース系バイオマス → 糖類（グルコース，キシロース，バニリンなど）
                ├─ 嫌気的分解 ─┬─ 糖質系バイオマス
                │              ├─ 油脂系バイオマス
                │              └─ セルロース系バイオマス
                └─ コンポスト化
```

図 2・23　バイオマスの微生物による再利用の可能性

の原料とするには，その合成に入る前にビルディングブロックとなるようにこれらを分解して，利用しやすいようにする必要がある．これにはそれぞれ特異的な酵素の利用がまず考えられる．ここには微生物が大きく関与できる分野がある．

2・8・2　グリーン化学製品

発酵法，微生物変換，酵素変換による製品の生産高は，世界で年間約300億ドルといわれており，これは化学品全体の3％に過ぎない．これは，決して小さくはな

いがこれまでに述べてきたことを考えるとはるかに少ないものといわざるをえない．現在，化学プロセスと対抗しているものは表2・10に示すとおりであるが，これらは，1) 生体物質と同じで生体適合性があることが求められている飼料，食品

表2・10　微生物生産による大量生産型化学品（1999年）

	国内生産量〔トン〕
グルタミン酸一ナトリウム塩	1,200,000
リシン	150,000
クエン酸	600,000
L-乳酸	60,000
グルコン酸	40,000
エタノール	1,300,000
（アメリカ）	(3,800,000)
（ブラジル）	(8,500,000)

表2・11　リアーゼ利用による光学活性体の合成例

生産物	基質	リアーゼ	酵素の由来
付加反応によるもの			
L-アスパラギン酸	フマル酸	アスパルターゼ	*Escherichia coli*
L-リンゴ酸	フマル酸	フマーゼ	*Brevibacterium flavum*
L-ドーパ	ピルビン酸, カテコール, アンモニア	チロシン-フェノールリアーゼ	*Erwinia rebicola*
L-フェニルアラニン	ケイ皮酸	フェニルアラニン-アンモニアリアーゼ	*Rhodotorula rubra*
L-カルニチン	γ-ブチロベタイン	エノイルCoAヒドラターゼ	*Rhizobiaceae*
脱離反応によるもの			
L-アラニン	L-アスパラギン酸	L-アスパラギン酸-β-デカルボキシラーゼ	*Pseudomonas dacunhae*
ウロカニン酸	L-ヒスチジン	L-ヒスチジン-アンモニアリアーゼ	*Achromobacter liquidum*
L-アラニン＋D-アスパラギン酸	D,L-アスパラギン酸	L-アスパラギン酸-β-デカルボキシラーゼ	*Pseudomonas dacunhae*

およびそれらの添加物，2) 付加価値のきわめて高い医薬品，3) 化学合成では安価につくれないような光学活性，立体特異性の高いバイオ製品である．

特に 3) についてはリアーゼの利用が高い可能性を秘めていると思われる（表 2・11）．

大量生産型化学品へのグリーンケミストリーの貢献には異論もあるが，これから我々が直面する地球環境問題をあらゆる面からとらえると，これまで述べてきたように大量生産型化学品へのグリーンケミストリーの取込みと資源のリサイクルを考

表 2・12 グリーン化候補大量生産型化学品（1999 年）

順位	化合物名	生産量〔×10^6 トン〕	価格〔米ドル/トン〕
3	エチレン	58	430
10	プロピレン	30	340
12	尿素	22	210
15	メタノール	22	130
16	二塩化エチレン	21	110
17	ベンゼン	18	390
19	塩化ビニル	18	290
20	メチル t-ブチルエーテル	15	300
21	エチルベンゼン	14	380
22	スチレン	14	600
23	テレフタル酸	12	1100
24	トルエン	10	290
25	ホルムアルデヒド	10	240
26	キシレン	9	280
28	p-キシレン	8	470
29	エチレンオキシド	8	1000
30	エチレングリコール	7	550
32	クメン	6	460
34	プロピレンオキシド	5	1250
35	フェノール	5	660
36	ブタジエン	5	390
37	アクリロニトリル	4	750
39	酢酸	4	750
40	ビニル酢酸	4	880
42	シクロヘキサン	3	370
44	アセトン	3	570
46	アジピン酸	3	1400
48	イソプロパノール	2	680
50	カプロラクタム	2	2000

えなければならない．すなわちリサイクル可能な資源を化学品合成の原料とすることである．この点からは嫌気発酵による溶剤（アセトン，ブタノールなど）の改良や，バイオ技術で生産できると考えられるエチレン（年間生産量第3位）やプロピレン（年間生産量第10位）をグリーン化できれば相当の貢献ができることになる．またバイオ触媒（酵素）による生産の効率化（環境負荷も含めた全効率）がはかれるものと期待できる．このような視点で見ると，表2・12の化学品がグリーンケミストリーの対象になりうると思われる．

また，我々が唯一ただで利用できる，太陽エネルギーの効率的なグリーンバイオテクノロジーへの適用も夢物語ではないかもしれない．すなわち植物による生分解性プラスチックスの製造なども今後の進展を期待したい．

2・9 社会微生物学の基礎

"社会微生物学"という言葉はおそらく J. Postgate が，その著書 "Microbes and Man" で初めて使った言葉と思われる．微生物は人間の生活にはなくてはならない存在でありながら社会一般にその重要性がよく知られていないことから，このギャップを埋める領域の必要性を論じたものである．

微生物は，環境を浄化し，土地を肥沃にしている．食品加工にも関与している．我々の体内ではビタミンを合成してくれたり，体内外に共存的にすみついて有害な微生物から身を守ってくれている．このようなことは一般の人々からは普段知られることがなく，その存在が知られるときは，病気の発生，食品の腐敗，貴重品の品質劣化など不幸なときだけである．したがって，微生物は眼に見えない恐怖を人々に与え，悪玉と見なされてしまう．

そこで，そのような不幸な偏見を取除き，微生物を正しく理解してもらうことは我々微生物を研究しているものの大切な使命である．組換え DNA 技術や遺伝子工学が花開いてからは，微生物は一般社会からは期待をもたれると同時にさらに恐怖を与えている面もある．炭疽菌によるバイオテロリズムが起こってからは特にそうである．環境浄化のところでも述べたように，微生物の地球規模での働き，すなわち元素の循環に対する働きである．微生物は動植物や微生物自身の死骸を物質循環させて，酸素や二酸化炭素，水までも供給して地球の全生物の生命を支えているのである．このようなヒトと微生物の調和共存（ヒトと微生物とのかかわり）についての学問領域が社会微生物学である．また一方，社会微生物学とは，基礎科学としての微生物学とは対照的に，微生物と人間との関係を学ぶ学問といえよう．つまり

2・9 社会微生物学の基礎

基礎微生物学と応用微生物学との間をつなぐ学問領域である．基礎科学がどんどん進展する一方，人々の科学あるいは科学技術離れが憂慮されているなかで，これからますます重要性が増す領域といえよう．

これまでは，工学的見地から微生物の基礎およびその応用による物質生産を中心に述べてきたが，ヒトと微生物との共存について以下に述べてみる．

2・9・1 微生物による物質循環

微生物は地球上の生物のなかで最も分布域の広いものであるが，それでも高度 30 km 上空あるいは地下 400 m，水面下 10 km 程度であり，総計 40 km 程度が微生物の生息圏である．地球をミカンにたとえると，微生物圏は最も厚い部分でも皮の部分程度でしかない．しかしながらこの薄い層の内部で互いに依存しあい，互いに競争しあう生物の相互関係は人類の興味をひいてきたところである．そのすばらしい自然平衡関係には驚くべきものがある．微生物の種類がどれくらいあるか，またその全体量はどのくらいあるのかは，まだまだ想像の域を出ていない．たとえば，土壌 1 g 当たりには約 1 億個の細菌がいると考えられている．良質な土壌 1 km² には 20～60 kg の微生物が生息していることになる．水生と陸生の微生物の総生体重

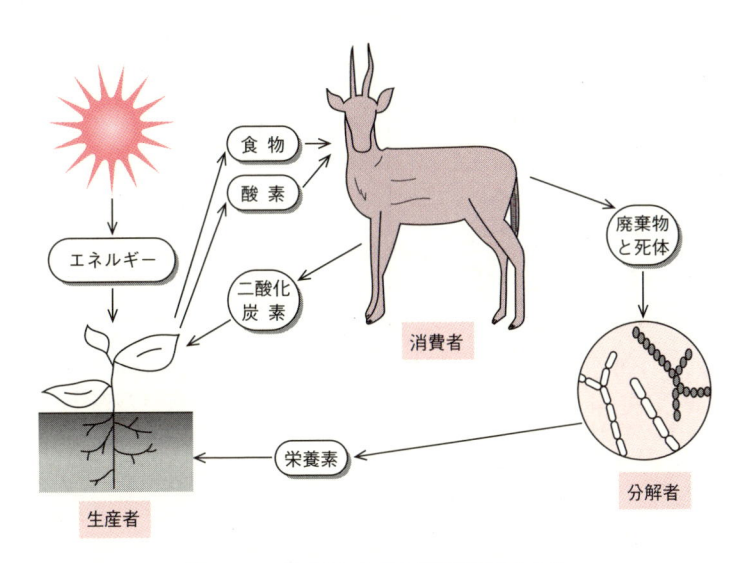

図 2・24 地球上における物質循環の全体像

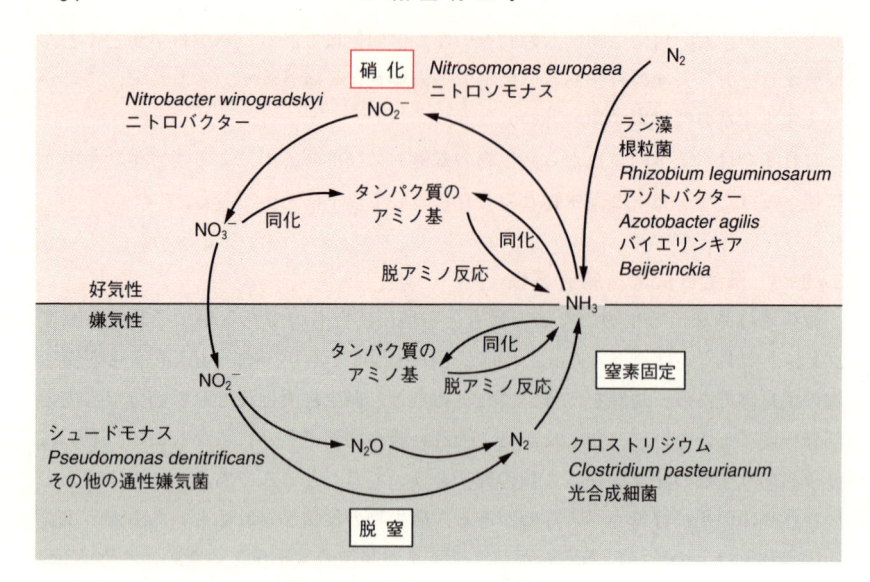

図 2・25　微生物による窒素の循環

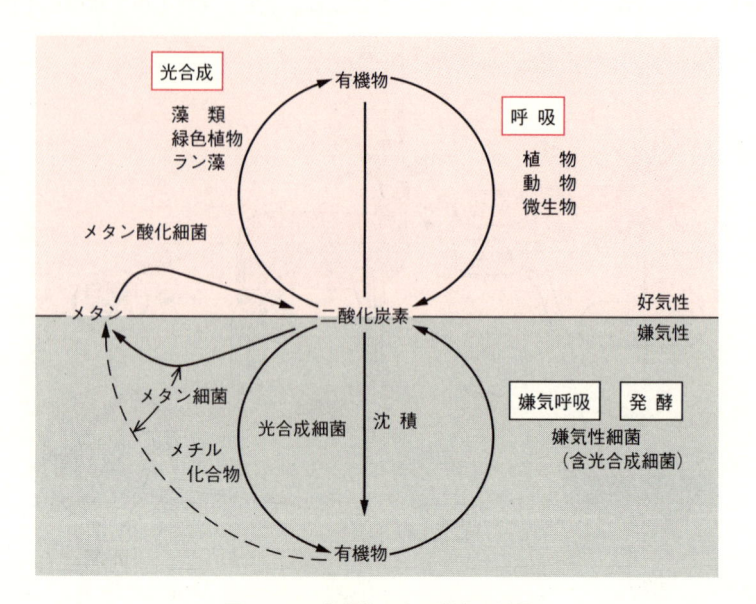

図 2・26　微生物による炭素の循環

量は，全動物生体重量の少なくとも 25 倍あると考えられている．これらの関係を簡単に図示すれば，図 2・24 に示すように動物は，生存のために植物に依存している．肉食動物は草食動物を捕食しているが，草食動物は植物に依存している．植物は太陽エネルギーに依存しているから，地球の生命維持の推進力は太陽にある．これに加えて第三の生物群として微生物がある．微生物は動植物の死骸や残渣を無機化して物質循環に関与しているのである．この第三の生物群がなければ地球上での物質循環は成り立たないのである．図 2・25～図 2・27 に窒素，炭素，硫黄の循環とそれに関与する微生物を例示する．このように，微生物なしでは地球上での物質循環が完結しないことがよく理解できるであろう．

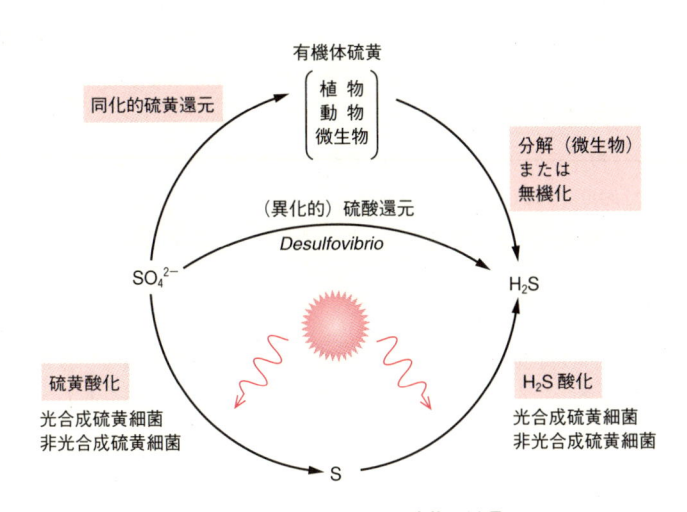

図 2・27　微生物による硫黄の循環

2・9・2　ヒトと微生物の関係

　一般に微生物は，ばい菌とよばれ，つねに病気と関連づけて考えられている．微生物のほとんどが無害か有用であることは理解されていない．手や髪，口，皮膚，腸には微生物が充満している．加熱調理直後の食物や殺菌食品以外の食料品には，無数の細菌や細菌の胞子がある．さらに飲み物，土壌，ほこり，空気中には微生物が多く生息している．これらの微生物のほとんどは無害であり，かつ，その多くは有益である．今日は，抗菌グッズが流行して，あたかも無菌であることが非常によ

いことのようにいわれているが，これは自然な生物間平衡を考えるとひどく間違ったものといえよう．このようなことによってヒトに本来あるべき免疫力の確保や自然生体防御系を乱しているともいえるかもしれない．

ヒトの腸管には，100種以上の菌が存在しているといわれている．これらは有用なものも有害なものもある．たとえば有用な菌である乳酸菌群についても年齢，食習慣などで大きく変化することが知られている．

2・9・3 共生微生物

動植物と微生物との相互関係は複雑であり，これまで述べてきたように，微生物なしでは，この地球上の恒常性を保つことはできない．また我々の持続的発展もできないことになる．今日特に興味をひいている分野は，非分離あるいは難分離微生物の役割である．これらは動植物あるいは微生物と共生をしている微生物群や，極限領域に生活する微生物群である．

DNA分析技術によって，我々が手にできない微生物の存在は，ますますはっきりとしてきており，これらは全体の95％以上を占めるものと推定されている．特に興味をひく分野として，植物内生菌，根圏微生物，昆虫共生菌があげられる．

2・9・4 微生物のリスク評価

動物や植物における病原菌の知識から，微生物によるさまざまのリスクは古くから認識されてきたところであるが，組換えDNA技術が現れてからその利用にあたりさまざまの論議が出てきた．

わが国では，米国と異なり病原微生物の取扱いについての規定がないため，当初多少の混乱があった．しかしながら微生物をその危険度に応じて物理的封じ込めと生物学的封じ込めで行うことで，関連省庁間で整合性のある規定（ガイドライン）が定められた．物理的封じ込めとは，微生物を取扱う場合に，装置や設備を工夫して実験室から外部に漏れないようにすることである．経済産業省で使われているガイドラインを紹介すると，表2・13および図2・28に示すとおりである．P4レベルでは感染性の著しく高い，しかも治療方法のないものを扱うことになるので，研究室内は陰圧とし外部にはまったく微生物が漏れないような物理的封じ込めレベルをもった実験室で行うことになる．通常のバイオインダストリーで扱うことはない微生物群である．

現在まで，まったく事故はなく，これまでのガイドラインが正しく運用され，か

2・9 社会微生物学の基礎

表 2・13 物理的封じ込めレベルと実験実施要項

項目	レベル	P1	P2	P3
封じ込め方法と施設	実験室の窓	閉	P1と同じ	密封
	実験室の扉	閉	P1と同じ	P1と同じ
	安全キャビネットなど		安全キャビネット性能検査（設置直後および年1回）	P2と同じ
	滅菌装置		実験室を含む建物内に設置	P2と同じ
	実験室の構造, 材質			容易に洗浄および, くん蒸ができる構造, 材質
	真空吸引装置			実験専用のもの 吸引口にフィルターおよび消毒液によるトラップを設置
	出入口の設計			両方が同時に開かない 二重の扉（前室設置） 更衣室の設置
	手洗いの設置			出口に自動手洗い装置
	空気の流れ			一方向への流れ
	排気の処理			沪過後排出
実験実施要項	実験台の消毒	毎日	P1と同じ	P1と同じ
	廃棄物および廃液の処理	廃棄前に消毒	P1と同じ	P1と同じ
	ピペット	機械的ピペットまたは綿栓付ピペット	機械的ピペット	P2と同じ
	飲食, 喫煙, 食品の保存	禁止	P1と同じ	P1と同じ
	手の洗浄	実験後および退室時	P1と同じ	P1と同じ
	エーロゾルの発生	最小限に防止	P1と同じ	P1と同じ
	汚染物などの区域外への運搬	堅固で漏れない容器	P1と同じ	P1と同じ
	昆虫, げっ菌類など	防除	P1と同じ	P1と同じ
	注射器の使用	できる限り避ける	P1と同じ	P1と同じ
	服装	一般微生物実験に準ずる	実験衣着用, 退室時に脱衣	実験衣（長袖で前の開かない）を着用, 退室に脱衣, 洗たく前に消毒
	立入者		実験の性質を知らない者の立入禁止	P2と同じ
	実験表示		実験中はP2レベル表示組換え体の保管場所にも表示	実験中はP3レベル表示組換え体の保管場所にも表示
	実験室の整理・整頓		実験に関係のないものを置かない, 清潔に保つ	P2と同じ
	安全キャビネットの管理		実験終了後および汚染発生時に消毒 交換前, 定期検査時, 実験内容の変更時にホルムアルデヒドくん蒸	P2と同じ
	手袋			着用, 実験後ただちに取外し消毒
	他の実験を同時に行う際		レベル以下の実験は明確に区域を指定	レベル以下の実験の同時実施禁止
	実験従事者	責務の規定	指定, 責務の規定	P2と同じ
	健康診断			血液採取（終了後2年間保存）

つ適切なものであったとの評価をすることができよう．つまり，基本的な考え方としては，組換え体は特別に扱う必要はなく，宿主である微生物の取扱いに準じて行えばよいことが明らかになったわけである．

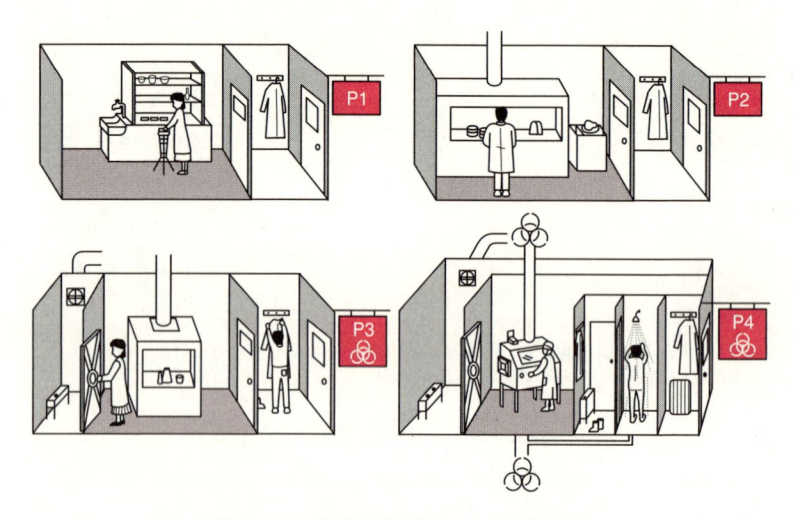

図 2・28　物理的封じ込めレベルの概念図

3

植 物 工 学

　地球上における植物の重要な役割は，太陽の光エネルギーを光合成により，炭水化物などの化学エネルギーに転換することである．この固定された化学エネルギーを利用して地球上の全生命体の生命活動は進行している．この原理は地球上に生命が誕生して以来今日に至るまで変わらない．ここで述べられる植物細胞工学が進展した状況においてもこの原理が変わることはない．
　ところで，文明が誕生してからは，それぞれの文明はその拠り所を作物生産に依存しており農業が生まれたので，農業生産と文明の誕生・発展とは不分離の関係にある．食糧の増産が文明の発展の礎であり，食糧増産などをもたらす品種改良は主として経験則に基づいた優良形質の選抜を基本として行われてきた．各文明の誕生したところには，コムギ，オオムギ，イネ，トウモロコシなどの今日でも主要作物である作物が生み出されている．ところが，1865年に，ブルノの修道院長であったG. Mendel（チェコ）が遺伝法則を発見し，1900年にH. de Vries（オランダ），C. Correns（ドイツ），E. von Tschermak-Seysenegg（オーストリア）によりそれぞれ独立に再発見されて以後，科学法則に基づく応用遺伝学である育種法が進められた．生産量の増大，品質の向上，耐病性の獲得などであるが，その基本は交配を元としている．優良形質があれば交配可能である限り，必ず優良形質を組合わせた品種の作出が可能である．その結果，何度となく予測された人口増加に基づく食糧不足は，品種改良により回避された．特に，1960年代に始まったいわゆる緑色革命では，コムギ，コメの生産量が数倍に上がり，発展途上国の食糧の飛躍的生産向上につながった．これは，いわば**オールド バイオテクノロジー**の成果である．し

かしながら、この手法も交配の範囲内に必要な遺伝子があると目的は達せられるが、ない場合には無力ということになる。そして、今日予測されている世界人口は、今後もなお確実に増加し、特に発展途上国を中心にした急増が心配されているが、交配を基本とした従来の育種手法で可能な試みはほぼやり尽くされているので、よりいっそうの増産・質の向上などを望むためには新たなアプローチが必要であるというのが一致した見解である。また、環境と調和した永続性ある世界を維持するという見地も重要である。今日可能となるようなほとんど唯一の方策は、本書の主題である細胞工学的手法のみである。したがって、その要点と関連の手法について述べるのが本章の主題であり、それはまた**ニュー バイオテクノロジー**について述べることでもある。

　まず、次節で紹介されるように1950年代の後半に植物細胞組織培養発展の重要な成果として"分化の全能性"が発見されて以来、植物体細胞を遺伝的に修飾してもそこから植物個体の再生が可能になった。これら遺伝的に変換させられた植物を通じて、従来の育種手法と結合することが可能である。さらに、この節の後半で述べられる土壌細菌である<u>根頭がん腫病菌（*Agrobacterium tumefaciens*）のTiプラスミドを用いた形質転換法</u>が発見され、改良された結果、当初は難点とされた宿主域

図 3・1　クラウンゴール． コダカラベンケイソウに *A. tumefaciens* を接種して誘導された．

3. 植物工学

(p.77 参照) の課題も解決され，特に，イネ科植物の形質転換が可能になった．また，直接遺伝子を細胞内へ導入して行う形質転換法も進展を遂げている．これらを，総括的に細胞工学的手法とよぶが，このために，1) 従来の育種法，2) 植物体細胞の分化の全能性，3) 形質転換法を用いた植物の遺伝形質の改変・改良が可能となった．さらに，4) 2000年末にシロイヌナズナの全塩基配列が決定され，つづいてイネの遺伝子配列の決定もその後を追っている現状では，遺伝子情報に基づく人工的な遺伝的改変がすべての形質に関して可能になっている．したがって，上にあげた四つの手法を組合わせることにより，従来遺伝子の交換範囲は交配により制限を受けていたが，この制限がなくなり，遺伝子の交換範囲が無限に広がり，あらゆる遺伝形質を操作することが可能となった．

このため，植物においては，増加する一方の人類の食糧生産を支えようとする一方，この手法の応用で植物の基本的機能を理解するとともに，新たな機能を付与し，新たな発展可能性を切り開くことが現実の課題となっており，それらを概括することが本章の目的である．

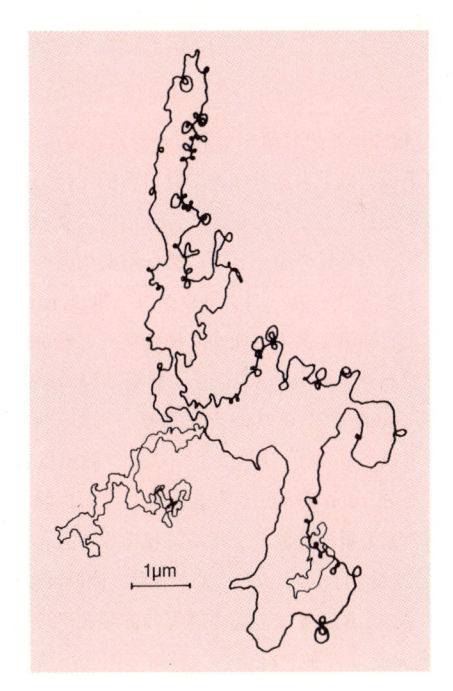

図 3・2 Ti プラスミド

3・1 形質転換法

形質転換とは，植物細胞にDNAを導入して，植物の遺伝形質を変えることで，基本的に2種類ある[1]．1) 直接DNAを細胞へ導入する方法と，2) 根頭がん腫病菌（A. tumefaciens）あるいはこれと近縁の毛根病菌（A. rhizogenes）の形質転換能を利用する方法である．

3・1・1 直接導入法

DNAの細胞への導入法には，プロトプラスト（§3・2・3a参照）を用いる方法と細胞壁のある通常の細胞を用いる方法があり，前者ではポリエチレングリコール（PEG）法，エレクトロポレーション法がある．後者では，パーティクルガン法がある（§1・6参照）．いずれも導入すべき遺伝子の前後にカリフラワーモザイクウイルス（CaMV）35Sプロモーターや Nos ターミネーターをおいて植物細胞で発現するよう構築し，それと植物細胞での選抜マーカーとしてカナマイシンやハイグロマイシンなどの抗生物質耐性遺伝子と組合わせて用いる．なお，形質転換が起こるときには他のDNAも同時に形質転換するコトランスフォーメーション（co-transformation）が観察されているので，選抜マーカー遺伝子と導入すべき遺伝子とは混合するだけでよい．

3・1・2 根頭がん腫病菌を利用した形質転換

今日裸子植物以上の高等植物では日常的に使われている方法であるが，その方法の開発のきっかけとなった根頭がん腫病菌によって誘導される植物細胞腫瘍であるクラウンゴール発見の歴史とその機構解明の概略について述べる必要がある[1,2]．

a. **クラウンゴール**　クラウンゴール（crown gall，根頭がん腫）とは，グラム陰性の土壌細菌である根頭がん腫病菌（A. tumefaciens）が，植物体に感染して起こる病気であり，A. tumefaciens が腫瘍誘導の原因の細菌であることは，米国農務省の E. F. Smith により1905年に発見された．A. tumefaciens が感染すると不定形の腫瘍が形成されるが（図3・1, p.70），腫瘍はいったん形成されると，誘導に必要であった A. tumefaciens が存在しなくても，腫瘍的増殖を永続的に維持する．さらに，その腫瘍組織を健全な組織に移植すると再度そこに腫瘍が生じる，いわゆる"転移"の性質を示した．その腫瘍誘導の機構はなかなか明らかにならなかったが，1948年に A. C. Braun は，腫瘍誘導の詳細な生理学的実験より，腫瘍誘導に際して A. tumefaciens より植物細胞へ何らかの因子が移動し，その移動したものによって

腫瘍が起こるという仮説を立て，その移動すると思われる因子を**腫瘍誘導因子**（tumor-inducing principle；TIP）とよんだ．なお，腫瘍的増殖の原因は，植物ホルモンであるオーキシンとサイトカイニンの過剰生産である．

i) Ti プラスミド

TIP が提唱されてから多大な研究努力がなされたが，その本体については長い間

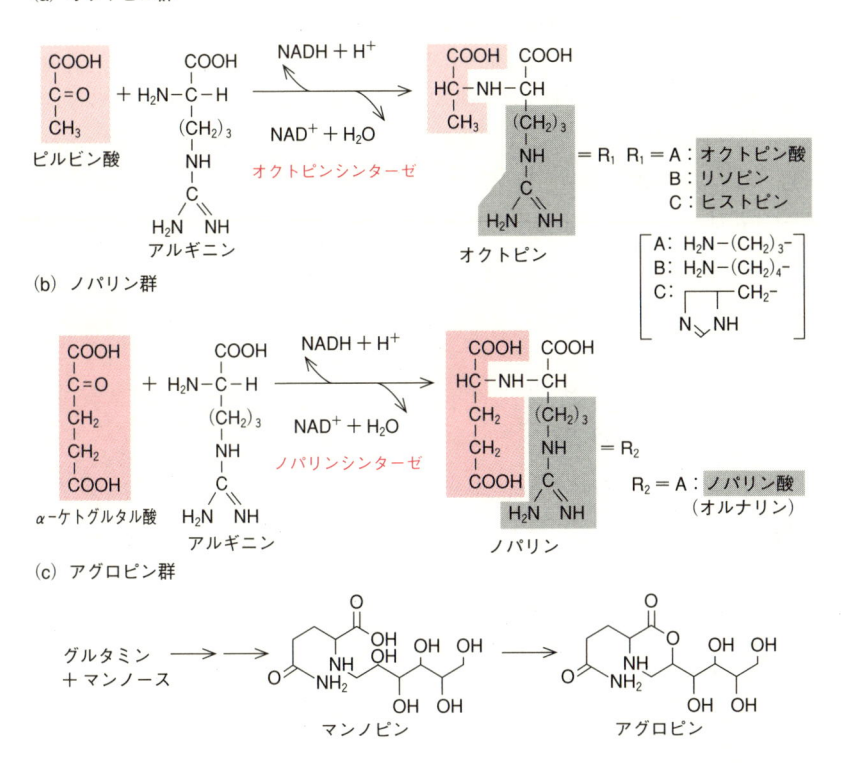

図 3・3 **オパイン類．**(a) オクトピン群，(b) ノパリン群，(c) アグロピン群を示し，それぞれの群の代表的なオパインの生合成経路を示す．このほかリン酸基をもつアグロシノピン A, B, C, D およびサクシナモピンも知られている．オクトピン群と Ti プラスミドで誘導されたクラウンゴールは，オクトピン類を生産し，オクトピン型 Ti プラスミドをもつ *A.tumefaciens* は，そのオクトピン類をオクトピン利用能遺伝子群（*occ*，図3・4参照）の働きで利用する．この関係は，各群の Ti プラスミドに共通である．

不明であったが，1974 年になって，J. Schell と M. Van Montagu のグループが，*A. tumefaciens* に存在する大型のプラスミドこそ TIP であるとつきとめて，これを **Ti プラスミド**と名づけた（図 3・2, p.71）．そして，1977 年に M.-D. Chilton らは，形質転換に際して巨大な Ti プラスミドのおよそ 10〜20％ にあたる領域が植物細胞へ移行することを明らかにし，その領域を **T-DNA**（transferred-DNA）とよんだ．T-DNA 上の遺伝子の詳細な解析は，植物細胞に腫瘍的形質を与える植物ホルモンである**オーキシン生産**（トリプトファンモノオキシゲナーゼ，iaaM とインドールアセトアミドヒドロラーゼ，iaaH）と**サイトカイニン生産**（イソペンテニルトランスフェラーゼ，ipT）の遺伝子ほかがこの上にのっていることを示した．また，この時点までに Ti プラスミドに見られるいくつかのタイプは，非タンパク質性のアミノ酸であるオクトピンやノパリン（これらの総称は**オパイン** opine という）の生産と利用で分類が可能であることがわかった．すなわち，**オクトピン型**，**ノパリン型**，**アグロピン型**であり，Ti プラスミドはこれにより区分けされる（図 3・3）．図 3・4 には，それらのうちオクトピン型とノパリン型 Ti プラスミドの物理的地図を示す．

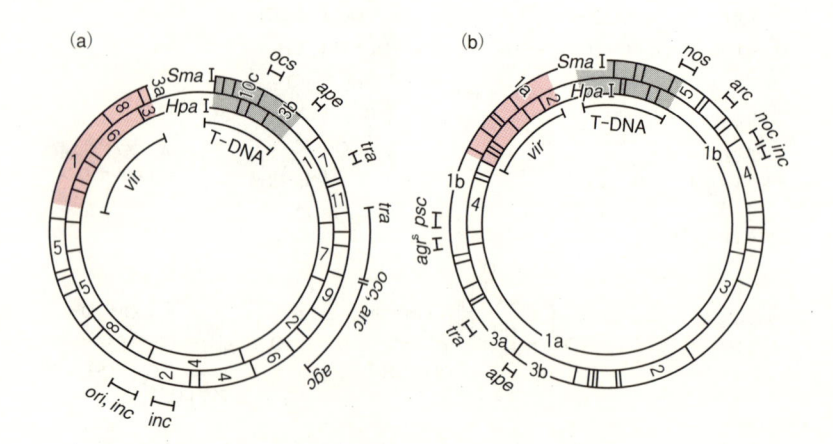

図 3・4 **Ti プラスミドの物理的地図**．(a) オクトピン型 pTiB6 806，(b) ノパリン型 pTiC58．*agc*: アグロピン利用能，*agr*^{s}: アグロシン感受性およびアグロシノピン利用能，*ape*: バクテリオファージ API 排除，*arc*: アルギニン利用能，*nos*: ノパリンシンターゼ，*ocs*: オクトピンシンターゼ，*occ*: オクトピン利用能，*inc*: 不和合性，*noc*: ノパリン利用能，*ori*: 複製起点，*psc*: アグロシノピン生産，*tra*: 転移，*vir*: *vir* 機能．

ii) T-DNA の移行

T-DNA の上にのっている遺伝子群は図3・5に示されるが，オーキシン生産に関する二つの遺伝子（*iaaM*, *iaaH*）とサイトカイニン合成の遺伝子（*ipT*）のほかにオパ

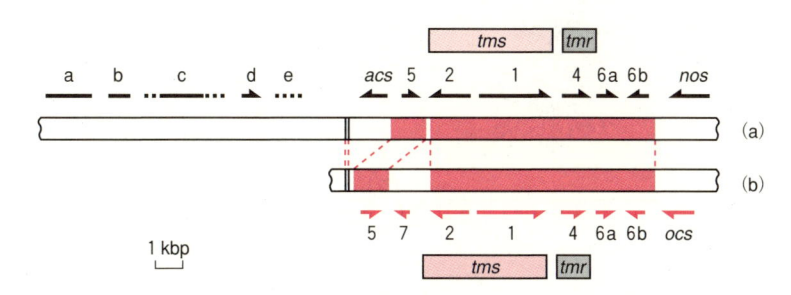

図 3・5 **T-DNA 上の遺伝子群**．ノパリン型 Ti プラスミド T-DNA (a) とオクトピン型 Ti プラスミド T-DNA (b) には，相同性の高い領域（■）があり，そのうち，1 はトリプトファンモノオキシゲナーゼ遺伝子（*iaaM*），2 はインドールアセトアミドヒドロラーゼ遺伝子（*iaaH*）である．オーキシン生合成の遺伝子で両者の働きによってインドール-3-酢酸（IAA）が合成される（*tms* 領域）．4 はイソペンテニルトランスフェラーゼ遺伝子（*ipT*）でサイトカイニンの生合成遺伝子である（*tmr* 領域）．*ocs*, *nos*, *acs* は，それぞれオクトピンシンターゼ，ノパリンシンターゼ，アグロシノピンシンターゼの遺伝子を示す．

インの合成遺伝子がある．それでは，どのようにして T-DNA は，*A. tumefaciens* より，植物細胞へ移行するのか．まず，植物体と *A. tumefaciens* が接触すると，植物側から出されるフェノール性の物質（たとえばアセトシリンゴンなど）の働きかけで，Ti プラスミド上の *vir*（virulence）領域の遺伝子群が活性化される（VirA, G, 図3・6）．その結果，T-DNA の切出しが起こるが，T-DNA の切出しは右端から始まり，一本鎖の T 鎖を切出す．T 鎖は VirD2, E2 の産物と複合体をつくり，細菌から植物細胞へと移動し，最終的に植物細胞の細胞核へ取込まれ，そこで植物 DNA に組込まれる．この形質転換には *A. tumefaciens* 側の 3 条件が必要であることが明らかにされている[3]．

iii) 形質転換の 3 条件

3 条件とは，すなわち，1) T-DNA 両端の 25 塩基対の正の反復配列（図3・7），2) *vir*（病原性を意味する virulence の略）領域の遺伝子群，3) 細菌 *A. tumefaciens* の染色体上の植物細胞への接着にかかわる遺伝子群（*chv*, chromosome virulence の略）である．

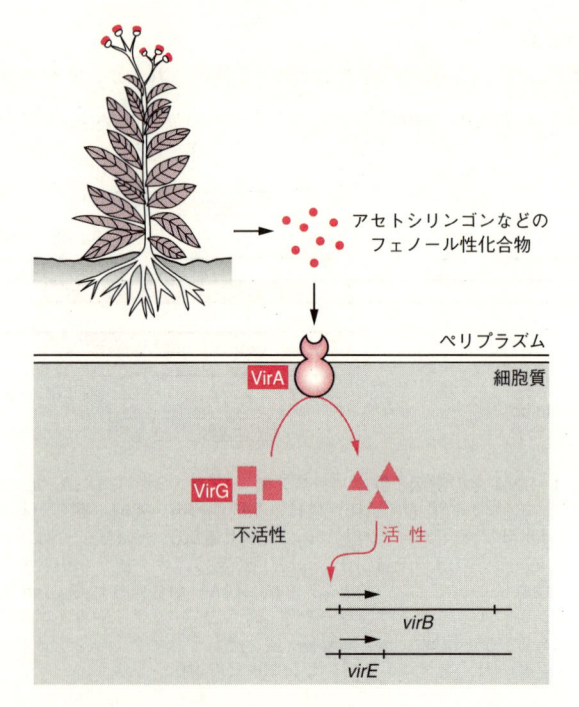

図 3・6　**植物と A. tumefaciens の相互作用.** 植物より分泌される
フェノール性化合物が，A. tumefaciens の VirA タンパク質に働きか
けて VirG タンパク質を活性化すると，vir 領域の遺伝子群が一連
のシストロンとして活性化され，T 鎖の切出しと，その植物細胞へ
の移行が起こる．

```
GCTGG  TGGCAGGATATATTG  TG  GTGTAAAC  AAATT  ノパリンL
GTGTT  TGACAGGATATATTG  GC  GGGTAAAC  CTAAG  ノパリンR
AGCGG  CGGCAGGATATATTC  AA  TTGTAAAT  GGCTT  オクトピンL(T_L)
CTGAC  TGGCAGGATATATAC  CG  TTGTAATT  TGAGC  オクトピンR(T_L)
```

図 3・7　**T-DNA の両端に見られる 25 塩基対の反復配列.** 上 2 列はノパリン型 Ti
プラスミド C58，T-37 の T-DNA の両端を示し，下 2 列はオクトピン型 Ti プラ
スミド Ach5，A6S2 の T-DNA (T_L) の両端を示す．このよく保存された配列は
vir 領域の活性化による T 鎖の切出しに必要でここにニックが入る．もし，左右
の塩基配列がわずかに欠失してもニックは入らなくなる．

b. Riプラスミド　　*A. tumefaciens* と近縁の *A. rhizogenes* は，植物に感染すると，根を盛んに分化することで**毛根病菌**とよばれており，植物病原菌の一種である．*A. tumefaciens* について述べた特徴はすべて該当し，感染とともにT-DNAを植物細胞に送り込み，形質転換を起こすこと，また，形質転換の3条件も共通である．感染細胞が根を分化するのは，T-DNA上に *rol*（root locus）遺伝子群がのっているからであり，*rolA, B, C, D* からなる（図3・8）．興味深いことにこの遺伝子と

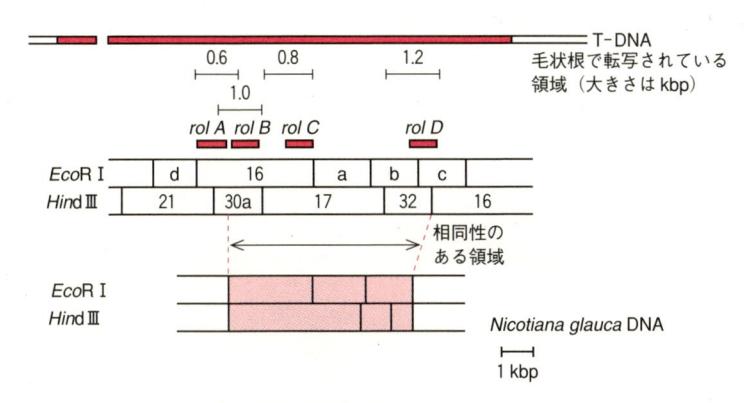

図 3・8　**RiプラスミドのT-DNA.**　Riプラスミドの両端に 25 bp の反復配列があることは，Tiプラスミドと同じであるが，特徴的なのは *rol* 領域があることである．この領域が毛状根を生じさせる．しかも *rol* 領域と高い相同性のある領域が野生タバコである．*Nicotiana glauca* とその関連植物の DNA 中に発見された．かつて Riプラスミドの感染により植物中にもち込まれたこの領域が種分化とともにその子孫に保持されたものと考えられている．

相同性の高い領域は，ある種の非感染の植物（タバコ属の *N. glauca* とその関連植物）にも見られ，原核生物と真核生物の遺伝子の授受を意味する大変まれな例であり，系統樹からはずれた遺伝子の授受ということで，この現象には**水平遺伝子移動**（horizontal gene transfer），さらには**水平共進化**（horizontal co-evolution）なる言葉が与えられている．

c. 宿主域　　*Agrobacterium tumefaciens* による形質転換は，細菌の形質転換能を利用するわけで，病原菌とその宿主の間には，必ず宿主（ホスト）と寄生の関係がある．これまでの研究で，*A. tumefaciens* のなかには宿主域（host range，ホストレンジ）が広いものと狭いものがあることは知られているが，広いものでも，従

来は裸子植物より高等な植物が宿主で,そのなかでも主として双子葉植物とされてきた.単子葉植物は,一部のユリ科などが宿主になりうるといった程度で,特にイネ科は宿主となりえないとされてきた.ところが,抗生物質を選抜マーカーとして使い,アセトシリンゴンなどを使った最近の人工的な感染実験では,イネ科植物も十分宿主となりうることが明らかになって,むしろイネの形質転換では主流になった.

d. バイナリーベクター(binary vector)　Tiプラスミド上のT-DNAの植物細胞への移行に関して,*vir*領域とT-DNAとは同一のプラスミドにのっている必要はなく,トランス(trans)であってもよいことから,このベクターが構築された.すなわち,T-DNAを完全に欠いたpAL4404をもつ*A. tumefaciens*に,独自のレプ

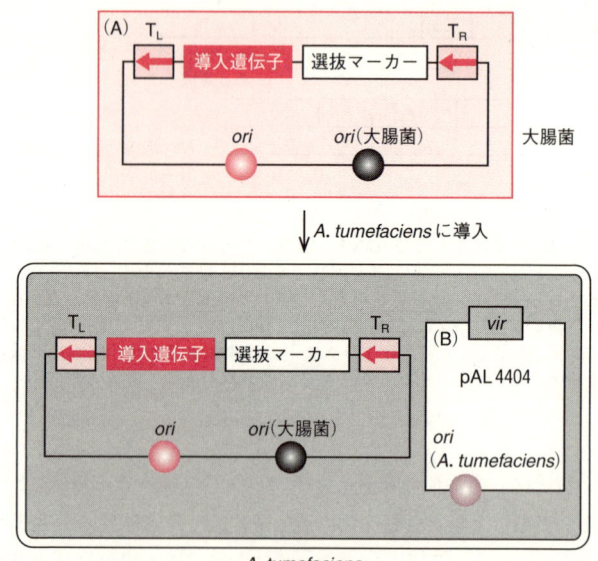

図 3・9　バイナリーベクター.まず,*A. tumefaciens*でも大腸菌でも増殖できるプラスミド(A)の適当な挿入部位に導入すべき遺伝子を挿入する.このプラスミドを*A. tumefaciens*に導入する.*A. tumefaciens*には,T-DNAを欠くが,*vir*領域は保存された欠損Tiプラスミド(B)が存在する.*vir*の機能は,トランスであっても機能するので,プラスミド(A)上のT_L-T_Rに挟まれたT-DNA領域は植物細胞へ導入され,形質転換が起こる.*ori*はDNAの複製を開始するのに必要な塩基配列で,大腸菌と*A. tumefaciens*の両方で複製できるように,それぞれ組込まれている.

リコンをもち，T-DNA の両端の 25 bp 間に適当なクローニング部位を配し，かつ植物細胞中での抗生物質耐性マーカーをもったプラスミドを，大腸菌より導入する（図 3・9）．Ti プラスミドを用いた形質転換の特徴としては，コピー数が少なく，しかも導入された DNA が複雑な構造をしていないことがあげられる．

e. 具体例

i) リーフディスク（葉片）法（leaf disc method）

植物の葉を無菌で培養するか，あるいは表面殺菌で無菌化して，これをおよそ 1 cm 平方の大きさにカミソリで切るか，あるいはリーフパンチで直径 2 cm の大きさに切取り，LB 培地で 28 ℃ で一晩培養した A. tumefaciens の懸濁液に浸ける．その後，葉片をナース上で培養し，2, 3 日後に除菌用に抗生物質としてクラフォラン（500 mg/l）と選抜マーカーとしてカナマイシン（300 mg/l）を加えた茎葉分化培地で培養する．2〜4 週間後に茎葉が分化したら，これらを切出して，さらにク

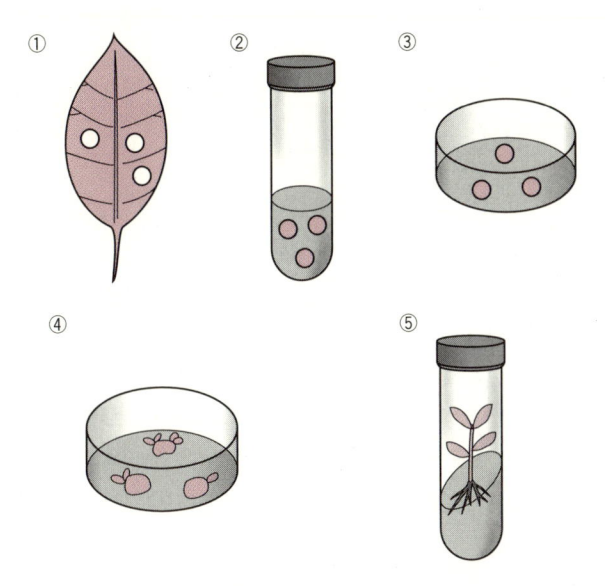

図 3・10　リーフディスク形質転換法の模式図．① 葉よりリーフパンチでディスクを切取る．② ディスクを A. tumefaciens に接触させる．③ クラフォランなどの抗生物質で処理して，A. tumefaciens をできるだけ殺す．④ クラフォランと形質転換体の選抜マーカーである別の抗生物質カナマイシンを加えた培地で培養する．植物ホルモンは茎葉分化条件に設定する．⑤ 分化してきた幼植物を分離し，植物体とする．

ラフォランとカナマイシンの入った培地で培養すると発根し,トランスジェニック植物が得られる(図3・10).手法上の要点は,植物細胞側に形質転換しやすい状態,いわゆるコンピテンス(competence)の状態をつくることであるが,その最適条件は植物によって異なる.

ii) T-DNA タギング (T-DNA tagging)

T-DNAが,植物細胞のDNAに挿入されるとその挿入箇所の遺伝子は機能を失う.挿入部位はほぼランダムと考えられているのでT-DNAの挿入により突然変異の誘導が可能である.そこで生じた突然変異株を用いて,遺伝子の同定が可能である.多くの突然変異誘起剤で誘導した突然変異はその遺伝子の同定が困難であるが,T-DNAが導入されたタグラインを用いて,対立遺伝子が見つかると,それを用いて遺伝子の同定がなされる.

iii) アクチベーションタギング (activation tagging)

T-DNAのライトボーダーに,四連のCaMVの35Sプロモーターのエンハンサーを付けたものを用いて形質転換すると,エンハンサーの影響で挿入位置近傍のある範囲の遺伝子の活性化が起こり,植物に何らかの変異を与える.この場合得られる変異が優性であることが特徴であり,サイトカイニン信号伝達遺伝子をはじめ多くの例が知られるようになった.

iv) トランスジェニック植物の例

1) 低温耐性　　グリセロール-3-リン酸アシルトランスフェラーゼ(GPAT)の基質特異性(§3・3・1bi参照)が,シス不飽和ホスファチジルグリセロール(PG)分子種の比率を決め,それが低温耐性を決めているという可能性の証明にトランスジェニック植物が使われた.低温耐性のあるシロイヌナズナ *GPAT* cDNAと低温感受性のカボチャ *GPAT* cDNAをT-DNAクローニング部位に挿入したプラスミドを導入した *A. tumefaciens* を用いてリーフディスク法により形質転換したタバコ植物体は,前者によってはより低温耐性が増し,後者によってはより感受性が増した(§3・3・1bi).脂質組成を調べると極性脂質はほとんど変わらず,PGのみ有意に変化していた.

2) ウイルスのコートタンパク質(CP)　　タバコモザイクウイルス(TMV)のCP遺伝子を,やはりT-DNAのクローニング部位に挿入し, *A. tumefaciens* に導入し,タバコのリーフディスク形質転換法で植物体を再生するとTMVのCPを発現する植物体が得られ,実際この植物体はウイルス感染に抵抗性を示した(機構については§3・3・2bi参照).

3) 花色の操作　ある植物にとって，ある特別な色は，交配や突然変異では得られない場合がある．たとえば青色のバラである．花の色の操作は古くからの園芸家の課題であるが，ペチュニアで次にふれるような例がみられて以降，このような手法による花色の操作はさまざまに試みられている．ペチュニアでは，アントシアンのうち，シアニジン 3-グルコシド（赤みがかった茶色）やデルフィニジン 3-グルコシド（深い紫）は知られていたが，アントシアン合成の最後のステップのジヒドロクエルセチン 4-レダクターゼ（DQR）の基質特異性のゆえに，ジヒドロケンペロールを認識できないので，ペチュニアにはペラルゴニン（茶がかった赤）は知られていなかった（図 3・11）．ペチュニアにトウモロコシの DQR を導入したとこ

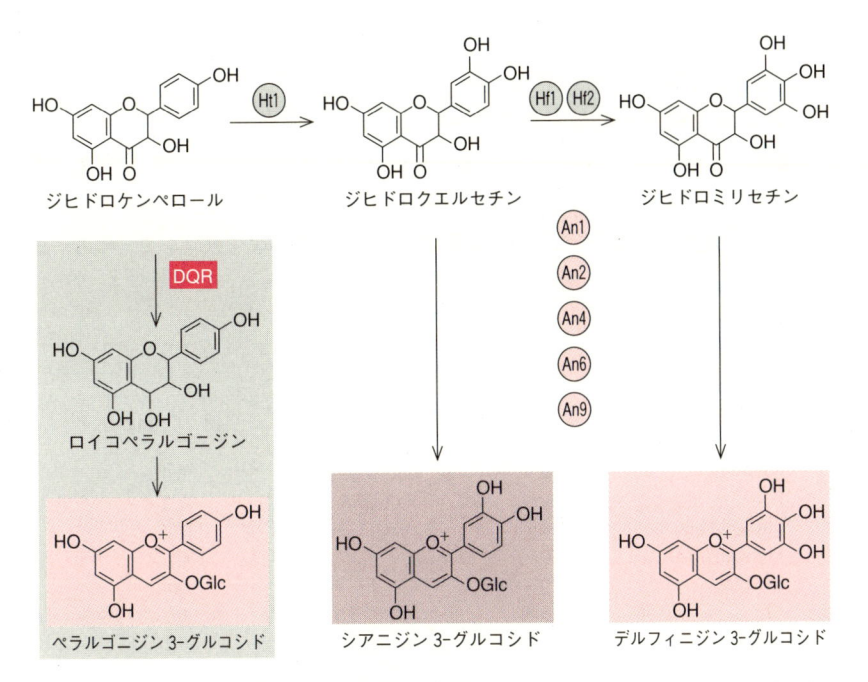

図 3・11　**ペチュニアの花色変異の誘導**．この実験に使われたペチュニアは，フラボノイド 3′-ヒドロキシラーゼ（Ht1）とフラボノイド 3′-，5′-ヒドロキシラーゼ（Hf1, Hf2）の突然変異のためジヒドロクエルセチンやジヒドロミリセチンの蓄積が少なく，ジヒドロケンペロールが多く蓄積された花色はほぼ白色であった．この突然変異のペチュニアにトウモロコシの DQR を導入したところ，ジヒドロケンペロールはこの酵素により変換されてペラルゴニジン 3-グルコシド（ペラルゴニン系前駆体）が生成され，ペチュニアにはこれまで知られていなかった茶がかった赤色の花が形成された．An1, An2, An4, An6, An9 は他の微量に形成されたアントシアンを示す．

ろ，ペラルゴニンが形成され茶がかった赤色を付与することができた．

4) **雄性不稔の付与**　細胞融合による細胞質雄性不稔の付与は，後で述べられるが（§3・2・3b ii），花粉の発達に重要と考えられるタペータム組織で選択的に働く遺伝子 T29 のプロモーターの下流にリボヌクレアーゼ（RNase）T_1 の遺伝子あるいは *Bacillus amyloliquifaciens* の RNase である Banase をおいて，このコンストラクトを T-DNA のクローニング部位に挿入し，リーフディスク形質転換法でタバコのトランスジェニック植物を再生したところ，この植物は雄性不稔となった．また，Banase の阻害作用をするタンパク質をコードする遺伝子 Barstar を発現する植物を得てその花粉を，先の Banase により不稔になっている植物にかけたところ稔性の復活を見ることができた．

3・2　分化全能性とその応用
3・2・1　植物細胞組織培養の基礎

植物細胞組織培養は，1940年代に R. Gautheret や P. R. White らが，植物組織の一部を単離して培養したことに始まり，今日では膨大な内容になっているが，それらの多くは成書[4]に譲り，ここでは細胞工学に必要な最小限の概略をまとめる．まず，第一に必要なことは，組織中より，組織ないし細胞を無菌的に単離することで，

表 3・1　**Murashige-Skoog 培地組成**

成分	濃度〔mg/l〕	成分	濃度〔mg/l〕
NH_4NO_3	1650	$CoCl_2 \cdot 6H_2O$	0.025
KNO_3	1900	Na_2EDTA	37.3
$CaCl_2 \cdot 2H_2O$	440	$FeSO_4 \cdot 7H_2O$	27.8
$MgSO_4 \cdot 7H_2O$	370	*myo*-イノシトール	100
KH_2PO_4	170	ニコチン酸	0.5(−)†
KI	0.83	塩酸ピリドキシン	0.5(−)†
H_3BO_3	6.2	塩酸チアミン	0.1(0.4)†
$MnSO_4 \cdot 4H_2O$	22.3	グリシン	2 (−)†
$ZnSO_4 \cdot 4H_2O$	8.6	スクロース	3 %
$Na_2MoO_4 \cdot 2H_2O$	0.25	pH	5.7
$CuSO_4 \cdot 5H_2O$	0.025		

† 　（　）内は，Linsmaier-Skoog 培地を示す．
†† 　植物ホルモンを加える場合には，上記の培地に，オーキシン（IAA, NAA, 2,4-D）やサイトカイニン（カイネチン，6-ベンジルアミノプリン，ゼアチン）を加える．

このために表面殺菌が不可欠である．クチクラで囲まれた組織は，3％次亜塩素酸ナトリウム 10〜20 分の処理で，無菌化可能である．ただし，クチクラに覆われていない内部組織は殺菌処理で細胞が死んでしまうので，その部分をメスあるいはカミソリで取除く必要がある．この手順は，後でふれるウイルスフリー（§3・2・2a）とも共通である．

つぎに，培養に際しては培地の選択が必要であるが，多くの場合が **Murashige-Skoog 培地**（表 3・1），あるいはそれをビタミンについてのみ改変した Linsmaier-Skoog 培地でまかなわれている（詳細は文献[4] 参照）．また，そこに植物ホルモンとして**オーキシン**（auxin）を加えることが必要である．培地の固形化は 0.8〜1.0 ％の寒天，あるいは Gelrite でなされる．オーキシンは 1934 年に発見され，これはインドール-3-酢酸（IAA）であったが，この発見は植物細胞組織培養にも重要な意味をもった．すなわち，細胞組織の分裂増殖維持に不可欠であったからである．ところが，オーキシン活性のある合成オーキシンである 2,4-ジクロロフェノキシ酢酸（2,4-D）や，1-ナフタレン酢酸（NAA）が見いだされると，これらの化合物は培養に際して安定であるので，今日多くの場合これら合成オーキシンが用いられる．

植物細胞の培養が始まるとともに，この**大量培養**により有用成分を生産させようという試みがなされた．その代表は，日本たばこ産業（株）（当時は，日本専売公社）で行われたタバコ BY-2 細胞である．小規模の培養は，三角フラスコに細胞懸濁液を入れて，振とう培養（130 rpm）するが（バッチ培養），規模が大きくなると連続培養が行われる．選抜により増殖の速くなった BY-2 細胞では，培養規模を 20 l，200 l と段階的に増やし，最終的に，20 kl（20 トン規模）で 2 カ月間連続的に培養された．しかしながら，コストがかかるという経済的な理由でそれ以上の続行は中止された．このように培養のスケールアップにはほとんど技術的問題はないが，経済効果を考慮すると大量培養の目的にかなうのは，合成が困難でありかつ高付加価値のあるたとえば制がん剤の類で，イチイ属植物（*Taxus brevifolia*，または *T. sinensis*）の培養細胞で生産される**パクリタキセル**〔paclitaxel，タキソール（taxol）ともいう〕などである．パクリタキセルは，微小管の重合促進と脱重合抑制作用が知られているが，実際臨床でも制がん効果が顕著に認められている．しかしながら，化学合成など他の方法での生産が容易でなく，天然品も供給が限られているので，植物細胞培養に期待が寄せられているのである．

なお，大量培養の材料とされたタバコ培養細胞 BY-2 は，その増殖率が大きいため，アフィジコリンによる高度な細胞周期の同調がかかる．これに代わるような性

質をもった細胞はこれまで他に知られていないので、細胞周期の研究をはじめとして、細胞生物学研究の材料となって世界に広がっている[5]．

3・2・2 分化全能性

培地に，植物ホルモンであるオーキシンを加えることが，細胞増殖に必須であることは，すでに述べたことであるが，もう一つの細胞増殖にかかわる物質が発見され，**カイネチン**と名づけられ，のちに**サイトカイニン**（cytokinin）と総称されるこれらの生理活性物質の発見が植物個体再生法の確立に大きく役立った．1958年にカイネチンの発見者である F. Skoog と C. O. Miller は，タバコの組織切片あるいは培養細胞を，オーキシンとカイネチンを異なった比率で加えた培地に加えると，器官分化が制御できることを発見した．すなわち，量比がオーキシンに傾くと根を分

(a) 2％次亜塩素酸ナトリウムで表面を殺菌する

(b) MS培地に IAA 2.56 mg/l，カイネチン 4 mg/l，スクロース3％，寒天1％を加える．pH 5.8．この培地では茎葉分化する

(c) 縦軸：オーキシン／横軸：サイトカイニン（根分化／カルス増殖／茎葉分化）

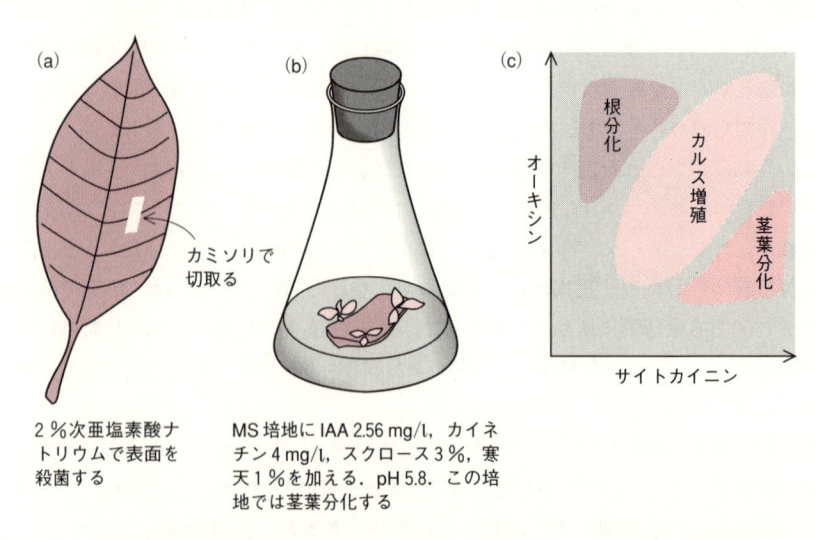

図3・12 **植物組織からのカルス誘導と器官分化の模式図**．(a) 無菌で育成した植物，あるいは次亜塩素酸ナトリウムで表面殺菌した植物材料を切取り，培養に供するとカルスが得られる．ここでは，タバコ葉を材料とする．(b) MS（Murashige-Skoog）培地に，インドール-3-酢酸（IAA）2.56 mg/l，カイネチン 4 mg/l，スクロース 3％，pH 5.8，寒天1％を加えたもので，この条件では通常茎葉分化をする．ただし，植物種により茎葉分化のための，植物ホルモンの濃度は，多少異なる場合がある．(c) 茎葉分化，根分化，カルス増殖の模式図．オーキシンとサイトカイニンの濃度比が，オーキシンに偏れば根を分化し，サイトカイニンに偏れば茎葉を分化し，その中間領域では未分化のままカルスとして成長する．

化し，サイトカイニンに傾くと茎葉を分化するのである．両者の中間領域では，不定形のまま**カルス**（callus）として増殖するというものであった（図3・12）．一方，F. C. Steward ら，J. Reinert は，ニンジンなどの植物培養細胞から胚発生様の過程を経て植物個体が得られることを示した．今日，ニンジンなどで確立されているのは，合成オーキシン 2,4-D の存在下で胚発生の前段階が開始し，培地より 2,4-D を除くと，胚発生様の過程を経て幼植物となるというものである（図3・13）．この手法は後でふれるように人工種子として，ある種の植物で工業的生産に実用化された．

0日　　　　　2日　　　　　4日　　　　　8〜10日

オーキシン
除　去

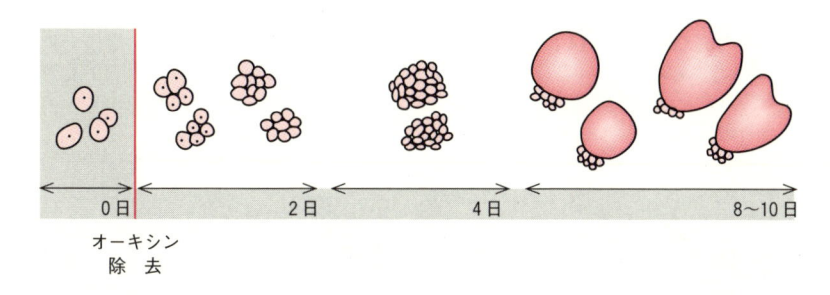

図 3・13　**胚様体形成の模式図**．ニンジン培養細胞などで確立された胚様体の発達過程は，MS 培地に 2,4-D を加えて維持されている細胞より，2,4-D を除くと，胚様体が形成され，球状胚，心臓型胚，魚雷型胚を経由して，幼植物となる．

a. ウイルスフリー　　植物においては，栄養組織の繁殖により植物体を増殖させることは，組織培養の導入以前から行われていた．その際，しばしば問題となるのはウイルスの感染であった．ところが，1950 年代に G. Morel（フランス）は，植物の茎頂の狭い範囲にはウイルスが存在する確率が低いことを発見した．すなわち，実技としては実体顕微鏡の下で，成長点を顕微解剖的に取出し，培養する（**茎頂培養**）ことによりウイルスフリー植物が得られるというものである[6]．その結果ウイルスが除去された植物は商品価値が著しく上がり，たとえばイチゴの場合果実の大きさが数倍となったという例も知られている．これはすでに実用化されて久しく実技の領域であり，日本でも日常的に利用されており，各地方自治体はウイルスフリー苗の継続的供給体制を確立している．それらの植物は，野菜類ではカンショ，イチゴ，ナガイモ，ネギ，ニンニク，花卉類では，キク，カーネーション，宿根カ

スミソウ，ユリなどであり，重要な産業となっている．

b. **メリクローン**　植物では，体細胞をそのまま増殖させ，個体再生をすることが意味をもつ場合が多い．特に，純系でない限り交配により，次世代の植物の遺伝的組成は必ずしも優れた親を再現しないからである．特に，これが重要な意味をもつのはラン科植物である．G. Morel は，ラン科植物のウイルス除去について研究を行ううち，ラン科植物は挿し木などの栄養生殖は容易ではないが，培養組織から栄養生殖性の**プロトコーム**（protocorm）が形成され，これを小さく切断すると，プロトコームをさらに増殖させることができ，そこからクローン性が保たれたシンビジウムなどのラン科植物が多量に繁殖できることを見いだして，この研究はランの増殖に不可欠の方法となった[6]．この手法を**メリクローン**（mericlone）とよぶが，その概略は図3・14に示されるとおりである．この手法は，大小規模で世界

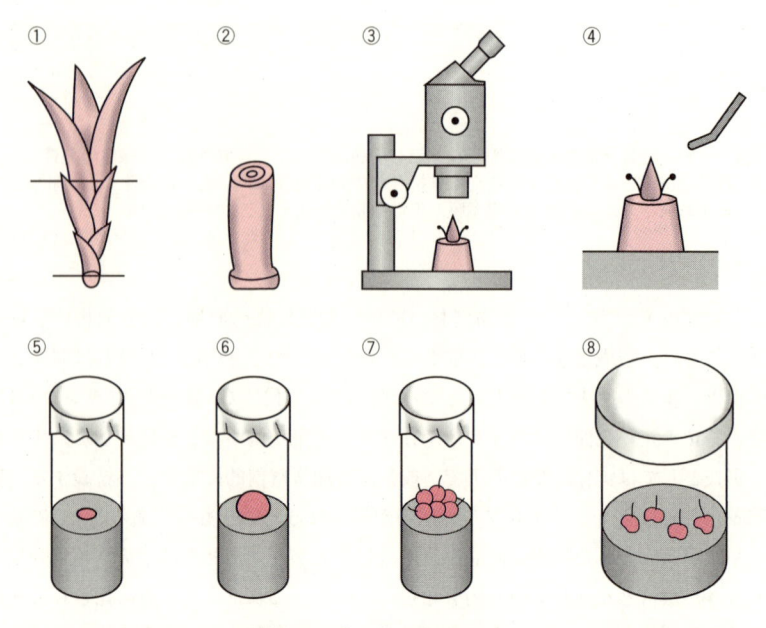

図 3・14　**メリクローンの模式図．**①〜⑤は茎頂培養とほとんど同じである．⑥プロトコームというメリクローンに特有の組織を形成する．⑦これをメスで切り分けて増やすことにより，メリクローンの増殖がはかられる．⑧これを分離して培養すると，遺伝的に母植物と同一のメリクローンが得られる．

中で行われており，特に最近では東南アジアで盛んである．

c. 人工種子　培地から 2,4-D を除去して得た胚様体あるいは花粉細胞より得た胚様体を，そのままアルギン酸ナトリウムと混ぜ，カルシウムを加えてゲル化して調製した錠剤様のものを**人工種子**という（図 3・15）．人工種子は，そのまま

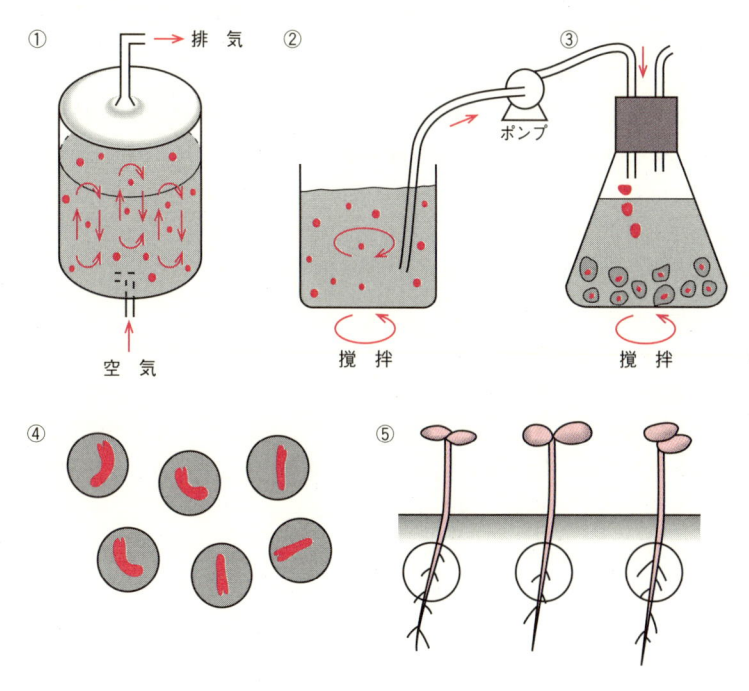

図 3・15　**人工種子**．① ジャーファーメンターで胚様体を増殖させる．② 胚様体を，アルギン酸ナトリウムの溶液に懸濁させる．③ 塩化カルシウムを加えることにより，アルギン酸はゲル化し，その中に胚様体は包み込まれる．④ 胚様体の入ったゲルを人工種子とよぶ．⑤ 培養に移すと発芽して植物体となる．

培養すればただちに休眠を経ずに，高い効率で幼苗を形成する．これは，別な背景で始まった"野菜工場"と組合わせることができる．野菜工場とは，サラダナ，ピーマンなどで行われている野菜を工業的に生産する技術であり，水耕栽培と高度な環境制御による植物の集約的な生産システムである．

3・2・3 プロトプラストと細胞融合

プロトプラスト（protoplast）とは，植物細胞に特有の細胞壁を除去した細胞で，細胞壁がないため細胞へ遺伝子を導入することができるとともに，細胞同士融合するという新しい性質を付与することができる[1]．

a. プロトプラスト

i) プロトプラスト調製法

まず，必要なことは細胞壁分解酵素を用いることで，いずれも日本製のものが中心である．すなわち，ペクチン質を分解するマセロチーム R10，R100（ヤクルト薬品，東京），ペクトリアーゼ Y23（協和化成，大阪）である．セルラーゼがもう一方の酵素であるが，セルラーゼオノズカ RS（ヤクルト薬品），セルラーゼ YC（協和化成）である．ドリセラーゼ（協和発酵，東京）を使うこともある．プロトプラストの調製法は成書に譲る[1]．

ii) プロトプラスト培養法

タバコ葉肉プロトプラスト（1gの葉から最適条件では細胞数にして 10^7 得られる）を，長田および建部の培地[1] に懸濁し，寒天濃度を 1% とした培地に，細胞密度をおよそ 10^4/ml として埋め込み，培養すると，およそ1カ月で高頻度（最適条件では 70〜80%）で肉眼で認識可能なコロニーをつくる．そのそれぞれを再分化培地に移すと，それぞれから植物体の再生が可能である（図3・16）．この方法は，ジャガイモ（品種 Russet Burbank）の葉のプロトプラストからの植物体再生に応用され，そこで得られた各プロトプラスト由来の植物は，種々の育種的に有用な性質を示し，特に複数のジャガイモ疫病菌（*Phytophthora infestans*）のレースへの抵抗性品種の育成は話題となった．

b. 細胞融合　　細胞融合法の概略は§1・6・3を参照．

i) 融合産物の選抜法

原理は，何らかの見分ける手段がある場合には，それを指標に見分ければよい．雑種細胞では増殖性がよくなるものもあるので，それも指標となりうる．しかしながら，多くの場合そのような目印がないので，より一般性のある方法を用いて細胞を選抜する必要があるが，融合直後に行う場合と，培養過程で行う2種類の方法がある．

1) セルソーター　　求めるものは雑種細胞であるから，それぞれの細胞を，一方は，フルオレセインイソチオシアネート（FITC）で標識し，もう一方はローダ

① プロトプラストの調製

② プロトプラストの分裂

③ 寒天培地上でのコロニーの形成

④ 再分化

⑤ 幼植物

⑥ 植物体再生

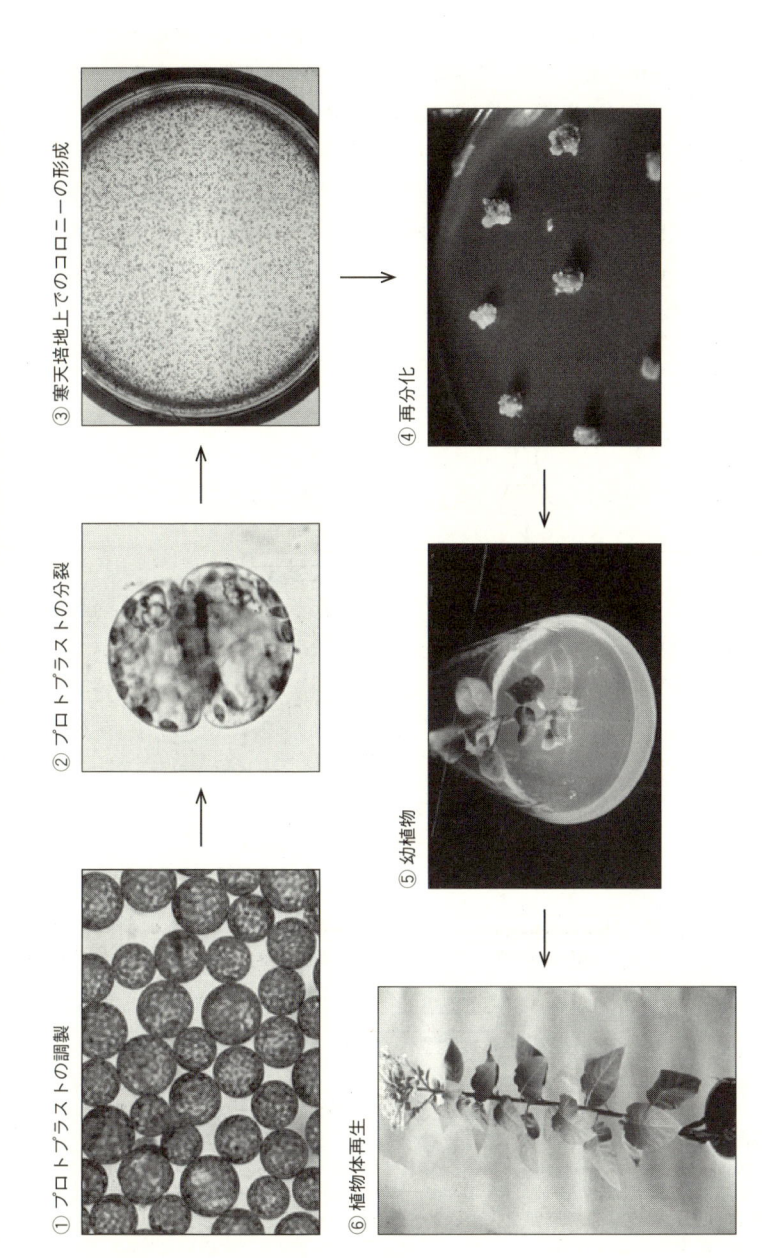

図 3・16 **プロトプラストからの植物体再生概念図.** ① 葉肉組織よりプロトプラストの調製. ② プロトプラストの分裂. ③ プロトプラストを寒天培地上に包埋すると高率でコロニーを形成する. ④ 茎葉分化. ⑤ 幼植物の形成. ⑥ 植物体再生.

ミンイソチオシアネート（RITC）で標識する．融合産物は双方の蛍光を発するはずであるから，レーザー光を照射して，双方の色素に由来する蛍光のあるものを分別する方法である（図4・3参照）．求める細胞を含む小滴をノズルより噴射するが，その際小滴に荷電を与えてその荷電で分離する方法である．

2) 代謝系相補による選抜法　植物細胞で行われているのは，硝酸レダクターゼの異なったシストロン間での相補の例である．硝酸レダクターゼは，硝酸態の窒素を還元してアンモニア体にし，アミノ酸合成に至る経路を触媒する重要な酵素である．構造的にアポタンパク質（NIAと略す）とモリブデン共役因子（CNXと略

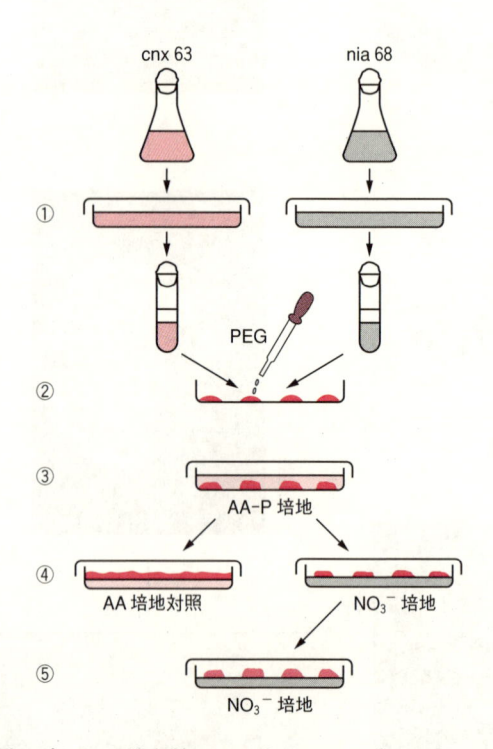

図 3・17　**硝酸レダクターゼ欠損株 cnx 63 と nia 68 のプロトプラスト融合産物の選抜の模式図**．① アポタンパク質に欠損のある nia 68 と，モリブデン共役因子欠損の cnx 63 のタバコ培養細胞株より得たプロトプラスト間で，② PEG により融合させ，③ アミノ酸を加えた培地（AA-P 培地）で培養してコロニーを形成させた後，④ 窒素源が硝酸のみの培地で選抜すると，⑤ 双方の遺伝子欠損を相補したコロニーのみが得られる．PEG は，シャーレの上にプロトプラストを置いた後に，滴下することにより細胞接着・細胞融合を誘導する．

す）とからなり，それぞれ複数のシストロンに属しているが，CNX では少なくとも 6 種類ある．したがって，それぞれに機能的欠陥があっても 2 種の細胞の融合産物では相補できる．なお，欠損株は，まず細胞を突然変異誘発剤で処理し，その後，塩素酸イオン ClO_3^- とアミノ酸（グルタミン 6 mM，アスパラギン酸 2 mM，アルギニン 1 mM，グリシン 0.1 mM）を加えた培地で選抜すると，硝酸レダクターゼ欠損株 NR^- が得られる．その理由は，塩素酸存在下では，ClO_3^- は硝酸レダクターゼの基質となりえて，細胞に有害な亜塩素酸イオン ClO_2^- を生じる．この選抜条件では，NR^- のみ生存できるからである．図 3・17 には，変異株 cnx 63 と nia 68 のそれぞれより得たプロトプラストを融合させ，その融合産物が窒素源を硝酸のみにした培地で生存できることを模式的に示す．なお，NR^- と他の代謝系欠損株との機能相補も可能である．

ii）細胞融合産物

1) 対称融合産物　　この例の代表としては，G. Melchers らが試みたジャガイモ（染色体数を通常の半分の 24 本にしたものを用いた）とトマト（染色体数 24 本）での体細胞雑種であり，いわゆるポマト（葉緑体がジャガイモ型）あるいはトパト（葉緑体がトマト型）である．植物体は再生されたが，なお不稔であり，ジャガイモあるいはトマトの花粉をかけても稔性は得られなかった．

では，このような双方のゲノムが共存する対称的体細胞雑種が育種的に意味があるかについてであるが，アブラナではその意義が認められている．セイヨウアブラナは，カブラとキャベツの複二倍体と推定されているが，実際交配してみると低頻度ながら人工的にもそのような雑種が得られている．

2) 非対称融合産物

ドナー-レシピエント体細胞雑種[7]：一方の植物染色体の一部が，もう一方の植物体へ導入された場合で，無処理でも一方が脱落して結果的に非対称になる場合もあるが，通常は，一方を X 線あるいは γ 線照射し，それをヨードアセトアミド（40 mM）処理で不活性化したプロトプラストと融合させることにより一方のみを選択的に導入することがはかられている．前者を**ドナー**（donor）とよび後者を**レシピエント**（recipient）という．この関係は図 3・18 に図示される．

細胞質雑種（サイブリッド，cybrid）：細胞融合に際して，2 種の細胞質が混ざり合うので，それは細胞質雑種にほかならない．研究の当初から核遺伝子以外の細胞小器官遺伝子での組換えが起こることが観察されていたので，その例をここに述べる．特にミトコンドリアでは，この操作により**細胞質雄性不稔**（cytoplasmic male

① X線またはγ線　　　ヨードアセトアミド処理　②

＋
融合

A　　　　　　　B　　　　　　AB（ただし，Aの遺伝子の大部分は失われる）
　　　　　　　　　　　　　　　　AまたはBの一方のみでは存在しない

③

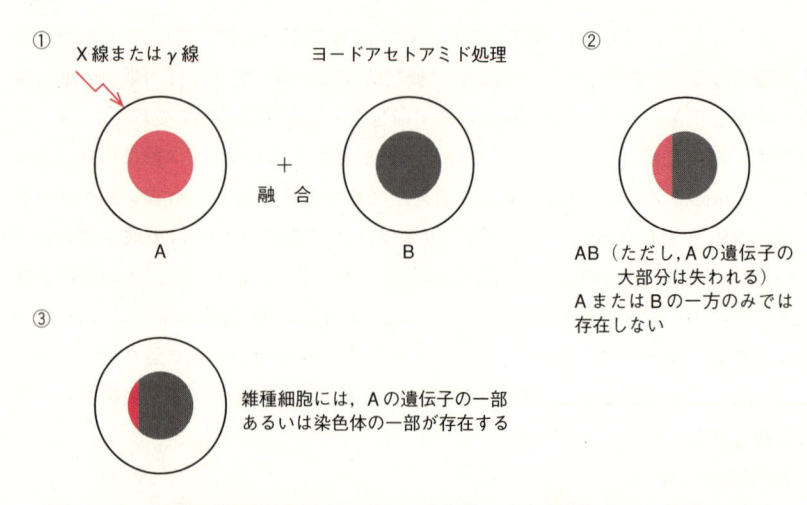

雑種細胞には，Aの遺伝子の一部あるいは染色体の一部が存在する

図 3・18　非対称細胞融合概念図．植物Aと植物Bより調製したプロトプラストを融合させる．①この際，AはX線あるいはγ線で照射し，細胞分裂能力は失活させる．Bは，ヨードアセトアミドで処理する．ヨードアセトアミドは，ミトコンドリアに障害を与え，コロニー形成能力を失わせるが，遺伝子には変化を与えない．②融合産物のうちABのみが生存できる．③ABの遺伝子組成のうち，Bはほとんどもち込まれるが，Aの遺伝子は一部のみもち込まれる．

sterility, CMS）が誘導された（図3・19）．CMSは，育種的にも有用でたとえば，ドナーのイネCMSプロトプラスト（インディカライスのChinsurah Boro Ⅱ）をレシピエントのイネプロトプラストと細胞融合させ，雄性不稔種を得たが，通常3年かかるのが2年でできた．イネCMSの作出は，自殖性であるイネよりハイブリッドライスをつくるのに有用である[7]．

［雄性不稔株の作出］　ミカン類では種なし種が有用であるが，その供給源はウンシュウミカン（*Citrus unshu*）がほとんどであり，そのほか生産性，耐病性，品質でも優れる．一方，世界的にはミカン類はネーブル（*Citrus sinensis*）が大部分を占める．そこで，この雄性不稔性は細胞融合を通して，*C. sinensis*へ導入することが試みられ，実際に得られた．いったん導入されれば後はつぎつぎとCMSの導入が可能であるので，この方向での実用化が進められている[7]．

3・3　ストレス耐性，耐病・耐虫性植物の原理とその実際

作物をほとんどストレスのないような実験的に設定された条件で栽培すると，その収量は通常栽培のおよそ2.3倍になるというデータがトウモロコシで1975年に

3・3 ストレス耐性，耐病・耐虫性植物の原理とその実際

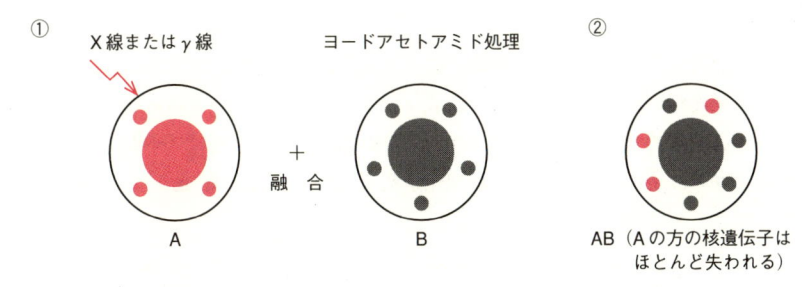

① X線またはγ線 ヨードアセトアミド処理 ② AB（Aの方の核遺伝子はほとんど失われる）

A ＋融合 B

③ 細胞質にA由来の細胞質遺伝子がもち込まれる．またミトコンドリア間での融合が起こって組換え体が生じる

図 3・19 **サイブリッドの概念図**．サイブリッドは細胞質遺伝子のみに着目する．① 植物Aと植物Bより調製したプロトプラストを融合させる．この際，AはX線あるいはγ線で照射し，細胞分裂能力は失活させる．Bはヨードアセトアミドで処理する．アセトアミドはミトコンドリアに障害を与え，コロニー形成能力を失わせるが，遺伝子には変化を与えない．② 融合産物のうちABのみが生存できる．③ ABの遺伝子組成のうち，Aの細胞質遺伝子（葉緑体，あるいはミトコンドリア）のみABにもち込まれる．また，ミトコンドリアはしばしば融合して，雑種のミトコンドリアを生じる．

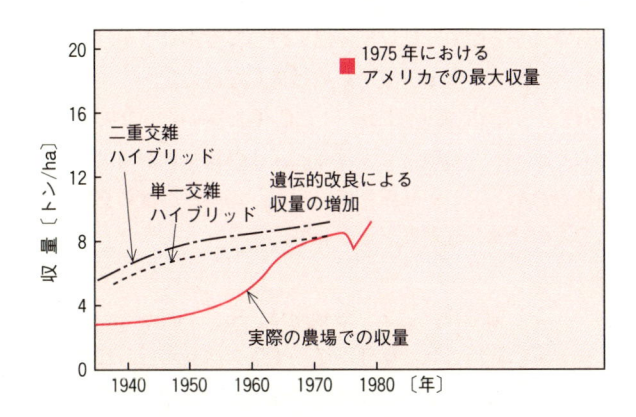

図 3・20 **アメリカにおけるトウモロコシの生産**．品種改良とハイブリッド育種を採用することにより著しく向上したが，ストレスのないような理想的条件で栽培するとその収量はさらに飛躍的に向上できることが示されている．〔J. S. Boyer, *Science*, **218**, 443 (1982) を改変〕

得られている（図3・20）．このように植物を田畑で栽培すると理想的な条件からはずれて収量が低下するが，その低下はストレスによりもたらされるわけで，農業における生産性の向上はひとえにこのようなストレスとの戦いであるということができる．より集約化され，省力化され，大規模化すればそれだけストレスは増大するわけである．このストレスは，物理化学的なもの（abiotic stress）と生物学的なもの（biotic stress）に分けられる．したがって，ここではこれらのそれぞれについて紹介するが，前者は，すなわち環境ストレスであり，温度，乾燥，塩ストレスなどであり，後者は，病害虫による被害という生物学的ストレスであるが，栽培地に混入してくる雑草の除去もこのカテゴリーに入ってくるので，それぞれのバイオテクノロジーの内容とその現状をまとめて紹介する．

3・3・1 環境ストレスと環境耐性植物の育成[8]

a. 温度環境 光合成により生育する植物は，光合成活性が著しく低下する高温域や低温域では生存できない．すなわち，植物成育には高温限界があり，また低温限界がある．この温度範囲の制限は植物種によって異なるが，同一の植物でも季節により異なり，その温度にさらされる前の履歴にも大きく影響される．この場合極限の状況において起こる現象より，日常的に起こるやや低い低温や，やや高い高温の方がより重要である．たとえば，生殖段階に起こる低温傷害は，冷害として知られ，大きな社会問題とされた時期もある．これらの点について，やや低い低温が植物に与える傷害から始め，続いて高温についてもふれるが，いずれも共通項として浸透ストレスがあることをあらかじめ指摘しておく．

b. 低温耐性 まず，植物は10〜15℃程度の冷気への被曝によって傷害を受けることがあり，いったん傷害を受けると，その後気候が回復してもその傷害は修復されない場合があることが知られているが，この原因は細胞膜を通しての物質輸送にあり，そこでは膜の流動性がかかわる．

ⅰ）耐冷性植物

脂質二重膜からなる細胞膜に包まれる細胞は，S. J. Singer と G. L. Nicholson の流動モザイクモデルに統括される原理に従って生命活動が行われる．この原理の予測するところは，ある温度範囲では流動性を失い，ゲル化して結晶状態を形成し，いわゆる相分離を起こして機能障害が起こるというものである．このような膜の相分離による細胞膜の機能障害は見られなかったが，葉緑体膜中のリン脂質であるホスファチジルグリセロール（PG）の分子種において低温でゲル相を形成するもの

があることが見いだされた．飽和およびトランスモノ不飽和 PG では低温領域でゲル相を形成しやすいので，これらが葉緑体膜に占める比率が高くなると低温感受性になると予想される．実際，村田紀夫は，植物の低温感受性あるいは耐性はグリセロール-3-リン酸アシルトランスフェラーゼ（GPAT）の不飽和脂肪酸に対する基質特異性に依存していると予想し，低温耐性植物から単離された GPAT 遺伝子を用いた形質転換により，植物に低温耐性を付与できることを示した．

[GPAT の酵素的特性とその遺伝子発現]　GPAT は，分子量約 43,000 の水溶性酵素で，葉緑体のストロマに含まれ，グリセロール 3-リン酸とアシルキャリヤータンパク質にチオエステル結合した脂肪酸を基質として，リゾホスファチジン酸を合成し，アシルキャリヤータンパク質を遊離する．

これらの情報をもとに，カボチャ GPAT 遺伝子の cDNA が同定され，シロイヌナズナの GPAT 遺伝子の cDNA も同定された．これらの遺伝子を導入したトランスジェニックタバコはカボチャによっては低温感受性になり，シロイヌナズナによっては低温耐性の上昇が示された（p.80 参照）．

ii) 活性酸素と低温傷害

低温にさらされた結果，植物体では活性酸素が形成され植物に傷害を与えるということが観察されており，活性酸素の除去は低温傷害からの回復に働く．**活性酸素種**（reactive oxygen species, ROS）とは，スーパーオキシド O_2^-，過酸化水素，一重項酸素 $^1O_2$，ヒドロキシルラジカルなどであり，発生すると生体構成分子（タンパク質，核酸，脂質など）を酸化し，変性をもたらし，害作用を与える．したがって，これらの ROS を無毒化する酵素系があれば，いったん低温傷害を受けてもその回復に効果があることが期待される．植物細胞において活性酸素を除去する機能をもつ酵素としては，スーパーオキシドジスムターゼ（SOD），アスコルビン酸ペルオキシダーゼ（APX），カタラーゼが知られている．

植物細胞で ROS が発生する場所は，ミトコンドリア，葉緑体などエネルギーの生産に関係する細胞内小器官で，ミトコンドリアでは，呼吸電子伝達鎖の電子が何らかの理由で過剰になると，酸化還元タンパク質複合体で酸素が異常に還元されてスーパーオキシドが発生する．これは，SOD で過酸化水素と水に分解されるが，実際にミトコンドリア局在の Fe-SOD を過剰に発現させたナタネは，低温での成長が促進された．葉緑体では，光化学系 I の還元側で電子が過剰になると，酸素の異常な還元によりスーパーオキシドが発生する．APX は，アスコルビン酸をデヒドロアスコルビン酸に酸化することにより，過酸化水素を無毒化する．イネを

42°Cで処理すると，5°Cで7日間おいても低温傷害が見られないが，この際高温処理によりAPXの活性が上昇し，低温になってもその活性は保持されていることから，APXのROS処理における役割は相当高いのではと想像されている．なお，コムギのカタラーゼをイネで過剰発現させると低温における萎えの徴候が向上されたという報告がある．

iii) 耐凍性植物

温帯域に生育する植物のなかには，冬季に氷点下に達しても生存可能な能力をもつものもあり，これら植物には**凍結抵抗性**（freezing resistance）があるとする．しかしながら，より詳細に見ると，**凍結回避**（freezing avoidance）とよべる現象と**凍結耐性**（freezing tolerance）とに区別することができる．前者は，広葉樹の木部放射組織のように凍結しにくいものが相当するが，種子もこの範ちゅうに入る．種子では，一般的に水分量を少なくし，水溶性のタンパク質の量を増やすことによって凍結しにくくなっているからである．

1）**凍結環境下で細胞が受けるストレス**　耐凍性植物を凍結させると，細胞のアポプラストには氷核が形成されるが，細胞内には氷核が形成されないことが観察

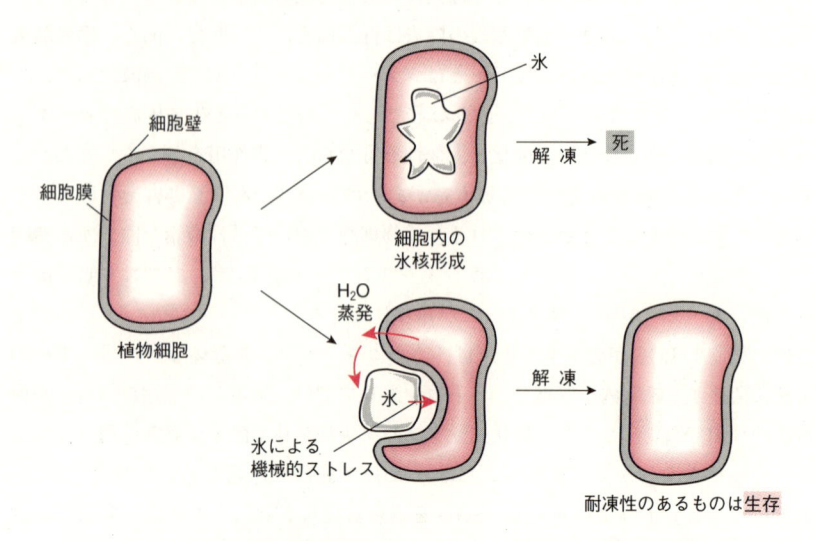

図 3・21　**氷核により植物細胞が受けるストレス**．耐凍性の機構は，図のように細胞外（アポプラスト）に氷核ができることにより起こることが多い．とすると，この細胞外に氷核ができることは耐凍性獲得にとって重要な鍵であるが，その理由解明の研究はやっと始まったばかりである．

されている．細胞外が凍結した細胞の中の水は，その蒸気圧が凍結温度における氷の蒸気圧まで蒸発を続けるので，結果的にアポプラストの氷核はしだいに成長する（図3・21）．その結果，細胞質の溶質濃度が上昇し，一種の塩ストレスの状態になる．たとえば，$-10\,°C$の凍結温度に平衡化させた場合，細胞内の水の90％は細胞外へ失われ，細胞の浸透圧は$-12.2\,\mathrm{MPa}$以上となって塩ストレスがもたらされ，細胞膜系の異常がひき起こされると考えられる．

2) 凍結により細胞が受ける傷害　　細胞レベルで見ると，凍結融解に際して，細胞膜には電子顕微鏡のフリーズフラクチャー像においても異常が見られ，細胞膜の脂質二重膜に生じた変化が原因であると推定されている．正常な細胞膜は，膜内タンパク質が脂質二重膜に均一に分散しているのに対し，凍結融解により分散の偏りがもたらされる様子で，膜内タンパク質顆粒がほとんど見られない**アパティキュラードメイン**（aparticular domain, AP）が観察された．これは凍結脱水により溶質濃度が濃縮された細胞で見られる現象で，結果的に細胞膜とオルガネラ膜が異常接近するのではと考えられている．

iv) 低温順化

耐凍性は**低温順化**により顕著に上昇するので，低温順化は実際の農業においては重要な実践であり，その機構の理解は重要である．低温順化は，次のように定義されている．

細胞膜の傷害により受動的にK^+が流出することから，**電解質漏出率**により傷害の度合いが評価される．電解質の漏出率を温度に対してプロットしてその値が50％になる温度（**LT_{50}**）を経験則であるが耐凍性の指標とする．つぎに，凍結しない程度の温度に1～7日さらすことによりその植物の耐凍性が著しく上昇することが示されているので，そこで得られる測定値から低温順化能（ΔLT_{50}）が計算される．

$$\Delta LT_{50} = LT_{50}(CA) - LT_{50}(NA)$$

ここで，CA（cold acclimated）は順化を意味し，NA（non-acclimated）は非順化を意味する．

1) 糖・プロリンの役割　　これまでのさまざまな実験で，低温順化過程で糖の蓄積が観察されているが，この蓄積は低温順化にいかにかかわるのだろうか．シロイヌナズナでは，低温順化1日までに糖の蓄積が始まり，それと呼応して凍結耐性が高まる．また，アミノ酸であるプロリンも低温順化過程で蓄積されるが，糖より

は遅れて上昇する．糖やプロリンの上昇による耐凍性向上の分子レベルの説明については，リポソームを用いた実験から，スクロースは脂質分子に直接作用して膜を保護することが示されているので，スクロースは膜脂質の極性基に水素結合した水分子を置換することにより膜間の融合を阻止し，リポソームの構造を安定化すると推定されている．一方，シロイヌナズナより単離された凍結耐性変異株 *eskimo1* 変異では，ロゼット葉には多量のプロリンが蓄積しており，このプロリンが凍結耐性に寄与していると考えられている．

2) *COR* 遺伝子　　低温順化過程で特異的な遺伝子発現が報告されており，その数は50種を超える．それらを列挙すると，まず，*COR* 遺伝子群（cold regulated genes）があげられるが，*COR* の遺伝子産物が水溶性タンパク質であること，水の沸騰温度にさらしても水溶性を失わないこと，また，その構造が両親媒性ヘリックス構造をもつことから，細胞膜の安定性にかかわるのではという仮説も提案されている．そのほか，シロイヌナズナの *FAD8* は，葉緑体のリノレン酸合成にかかわるアシル脂質不飽和酵素であり，ホウレンソウの *Hsc70-12* やナタネの *Hsp90* もあげられているが，後者はいずれも分子シャペロンであるので，凍結環境で変性したタンパク質の機能回復にかかわっている．さらに，シロイヌナズナでは，MAPキナーゼ，MAPキナーゼキナーゼキナーゼや，カルモジュリン関連遺伝子，ホスホリパーゼC遺伝子の発現上昇が同定されているが，未だその機能については未解明の点が多い．

さて，*COR* 遺伝子群とは，シロイヌナズナでは *COR6.6*(*KIN2*)，*COR15a*，*COR47*(*RD17*)，*COR78*(*RD29A*，*LTI78*) であり，他植物でもそのホモログが単離されている（括弧内は，別のスクリーニングにおいて同定され，与えられた別名）．このうち *COR47* の遺伝子産物は多くの植物において低温で誘導され，**アブシジン酸**（abscisic acid，ABA）の制御下にある **LEA**（late embryogenesis abundant）**タンパク質**に属する．

これら *COR* 遺伝子の5′上流域には転写制御にかかわるシス因子が同定され，そのシス因子に結合して転写調節に働くトランス因子が同定されている．シス因子は，**CRT/DRE**（C-repeat/drought responsive element）配列と名づけられ，たとえば，*COR78* の場合 TACCGACAT が DRE 配列とされ，そのうち下線部が CRT である．トランス因子としては，CBF/DREB1 が同定されているが，シロイヌナズナには少なくとも三つの *CBF* 遺伝子があり，これらが低温順化に中心的役割を果たしていると考えられている．

v) 耐凍性向上トランスジェニック植物

CBF1 過剰発現シロイヌナズナは，低温順化条件にさらさない条件で凍結耐性の向上がみられたが，関連するすべての COR 遺伝子が発現していた．一方，COR15a のみの過剰発現では凍結耐性の向上がみられなかったことから，凍結耐性向上にはすべての COR の発現が必要であると推定される．ところで，codA 遺伝子は後述するように耐塩性にかかわるベタイン生産に関係する遺伝子でコリンオキシダーゼをコードし，土壌細菌 Arthrobacter globiformis から単離されたが，この codA を葉緑体へターゲットするように過剰発現させたシロイヌナズナ（エコタイプ WS）は，葉緑体にベタインを蓄積し，凍結耐性が向上した．

c. 耐暑性植物　この問題について考えるとき，あらかじめ考えておくべきことは，植物個体において水の移動がどのように行われているかである．詳細は専門書[9]に譲るが，植物体では水の移動は水ポテンシャルの低い方へ移動するというのが基本原理であり，これは熱力学の法則に従っているからである．ところが，乾燥条件で水の供給が十分でなくなると，ただちにアブシジン酸（ABA）がつくられ，その作用により気孔の閉鎖が起こり，その結果植物体中より水分が失われるのが防がれる．ところが，このとき気孔が閉鎖することにより，水分蒸散が停止すると，それまで水分蒸散により内部にたまった熱が効率よく放出されていたのが，気孔の閉鎖によりただちに熱を放出していた機構が停止するので，熱が植物体中に異常にたまることになる．たとえば日光照射下でこのような状況が起こると植物体の温度が急速に上昇し，葉の高温ストレスが生じる（図3・22）．

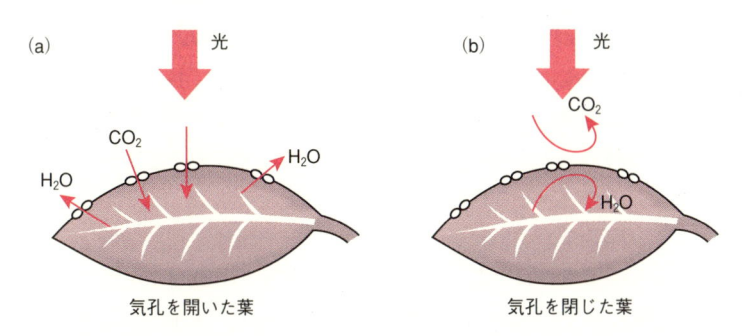

図 3・22　**植物と高温ストレス．**（a）気孔を開いた葉では，光合成と蒸散が活発に行われ，葉温も低下するために高温ストレスから回避される．（b）気孔を閉じた葉では光合成と蒸散が行われず，葉温が上昇し高温ストレスにさらされる．

光合成の耐熱温度は，植物種により差があるが，おおまかにいって，C_4植物では，45～60℃であるのに対し，C_3植物では35～45℃である．組織の温度が上昇すれば，タンパク質の変性，膜の損傷，有害物質が生起する．すなわち，太陽照射下では，気孔の閉鎖によりこれらの傷害が生じることになる．そして，このような条件下では，熱ショックタンパク質（heat shock protein, Hsp）が生成されて高温異常に対応する．シロイヌナズナ熱ショックタンパク質（Hsp）の転写因子 ATHSF1 を過剰発現させるとその産物は三量体を形成し，耐熱性が向上したので，この遺伝子は耐暑性の要に位置すると思われる．なお，Hspタンパク質としては，分子シャペロンとして知られる Hsp100/ClpB ファミリー，Hsp70，また，低分子量 Hsp が知られているが，いずれも耐暑性にかかわるというデータが出されている．

d. 耐塩性植物　耐塩性とは，塩ストレスを回避する性質が備わっているということであり，今日地球上において耕地が制限されている現状からすると，耐塩性の付与は海浜の利用や砂漠地の利用という見地から興味深い．いずれも水の蒸散によりもたらされる塩分の濃縮が原因であり，世界的傾向でその面積は広がる一方である．ところが，植物のなかには海浜や砂漠地という塩ストレスの過酷な条件で生育する植物も知られており，**塩生植物**（halophyte）とよばれる．これに対し通常の植物を**非塩生植物**（glycophyte）という．これらの植物の環境への適応戦略の解析から，耐塩性獲得の諸条件を知ることができると考えられるので，まずそれらについて述べ，続いてそこで明らかにされたことをもととして耐塩性植物の育成の条件を考える．ただし，塩ストレスでも海浜湿地帯と砂漠地帯では少し違いがあり，前者では，Na^+とその塩化物が主成分であるのに対し，砂漠地帯では，Na^+と硫酸イオンである．塩生植物ももともとは，通常の植物と同じ環境で育っていたものが，塩ストレスの環境に適応しただけで，基本的な生理的条件で特に差違があるわけではない．ただし，例外的に高塩環境でしか生育できなくなっているものもあり，アツケシソウに類縁の *Salicornia* などは高塩環境でないと生育に障害があり，環境適応が特殊化したものとみなされる．

i）塩・浸透バランス

耐暑性のところでもふれたように，植物において水の移動は水ポテンシャルの勾配に従って移動し，必ず低い方へ移動する．したがって，海水中で生育するためには，海水の浸透ポテンシャル-2.8 MPa より，さらに低い浸透ポテンシャルをもつ必要がある．その結果，植物成長の低下，蒸散の抑制，水の利用の制限，細胞内へのイオンの取込みの制限が生じ，全体としてイオンのホメオスタシスが崩れること

になる．このため，耐塩性とは，実はこのようなホメオスタシスの異常に対して幅広い適応能力をもっていることであるといってもよい．

このほか，特殊器官を通して積極的に塩を排除する機構も知られている．すなわち，塩生植物では塩腺を発達させて，そこから塩を放出する場合があり，マングローブやアツケシソウ属で知られている．また，塩をトライコームに隔離し，老化とともにそこを切り離す場合がスズメノテッポウ属植物で知られている．

ii) 耐塩性付与

1) イオンホメオスタシス　細胞が正常に機能するときプロトン勾配の形成は必須である．高塩環境に適応した細胞でも，プロトン勾配は保持され，その結果，細胞質の Na^+ や塩化物の濃度は，アポプラストや液胞に比べ 1/10〜1/100 程度に保持されている．これは，多重遺伝子族に属する細胞膜 H^+-ATPase，液胞膜 H^+-

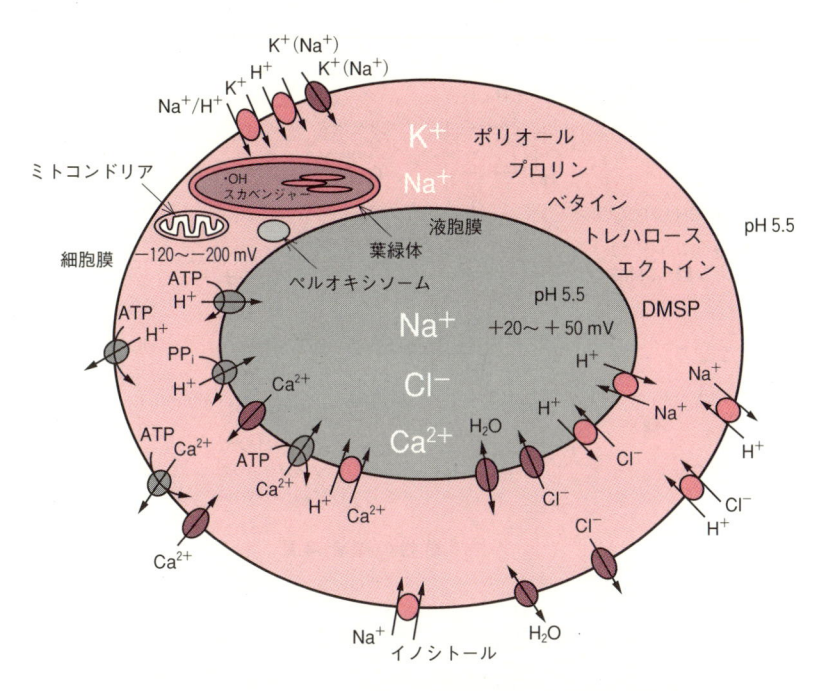

図 3・23　イオンのホメオスタシスを維持するための膜輸送系の働き．
DMSP: 3-ジメチルスルホニルプロピオン酸（図 3・24 参照）〔M. Hasegawa, R. Bressan, J. M. Pardo, *Trends Plant Sci.*, **5**, 317（2000）〕

ATPase，H^+-ピロホスファターゼによって制御されているが，このネットワークは図3・23に示される．これらの遺伝子のなかには，高塩環境へさらされることにより発現上昇がみられるものがあるので，耐塩性の一因と考えられる．

一方，高塩環境では，Na^+が細胞内へ流入するため，膜電位差が低くなり，イオンチャネルを通じて受動的な塩化物の細胞内流入が促進されるが，これはプロトンの流入と共役している．また，細胞内へのK^+の取込みには，種々のイオンチャネルが関与しているが，K^+チャネルがNa^+に対し必ずしも排他的に作用しないことが関係している．

なお，非塩生植物でも塩生植物でも塩水に適応すると，Na^+や塩化物イオンを液胞内に封じ込め，浸透物質として利用する例があることも知られている．

2) **適合溶質**　ある種の細胞の代謝にあまり影響を与えない物質を合成して外部の浸透圧調節に対応することもみられ，このような物質を**適合溶質**とよんでいるが，それらは図3・24に示される物質である．適合溶質の蓄積により細胞質の浸透

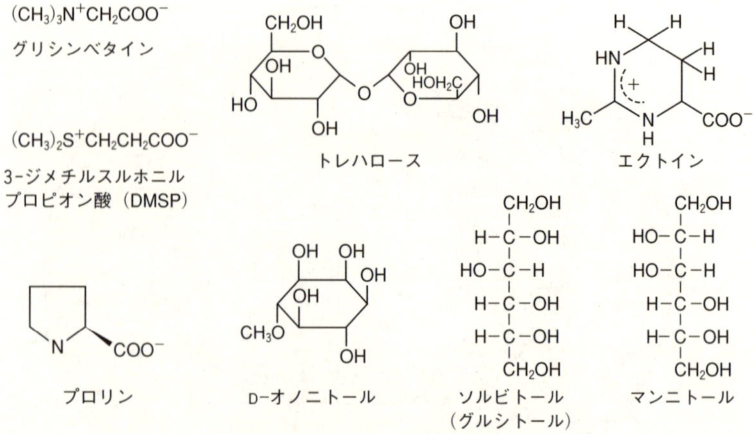

図 3・24　植物の適合溶質

ポテンシャルは下がり，耐浸透圧の向上に寄与する．また，適合溶質は水溶性であり，タンパク質，タンパク質複合体あるいは膜表面の水分子との交換性に寄与し，耐塩性に寄与する．したがって，適合溶質をトランスジェニック植物によりつくらせることは耐塩性の向上につながり，実際にそのような結果が得られている．

e. 耐乾性植物　　耐乾性植物 (xerophyte) とは，種々の乾燥条件に耐性をもつ植物の意味であるので，さまざまなタイプが知られる．要は，水ストレスに対する方策がとられており，水の吸収をよくするため根を発達させたり，空中の水を利用するなどがある．一方，水分の損失を少なくするために，葉面積を減少させたり，気孔の構造上の特殊化，表皮のワックス層の増加などもある．特にその極致にあるのは，**不死植物** (recurrent plant) とよばれるもので，たとえば南アフリカ原産のゴマノハグサ科 *Craterostigma plantagineum* Hochst. では，植物体の水分の 96% を失っても枯死せず，水が供給されると数時間で活発な代謝活動を開始する．これらの植物で明らかにされていることは，脱水状態では ABA 誘導遺伝子のたとえば LEA タンパク質が発現し，それらに対する転写因子も同定されている．この系で T-DNA のアクチベーションタギング (p.80 参照) により単離同定された遺伝子 *CDT-1* を導入した植物細胞は乾燥耐性を示した．

f. ストレスホルモンとしてのアブシジン酸 (ABA)　　このような背景から，ABA はストレスホルモンであるといわれることもあるが，実際に植物を低温にさらしたときも，また高塩濃度の条件においたときも，乾燥条件においたときにも，ABA 誘導遺伝子は誘導されるが，これはいずれも浸透圧の変化を植物細胞が検知し，その結果 ABA の合成が上昇し，種々のストレス関連の遺伝子発現が誘導されるわけである．そこにはまた b-ZIP 型転写因子をはじめとしてさまざまな転写因子が関係する．ただし，注意すべき点は，いずれの場合でも，ストレスから ABA を経由しないで，発現誘導される場合が知られていることで，統合的な理解にはなお研究の推進が必要である．この点については，種々のストレス条件においてマイクロアレイ (§3・4・3 参照) の解析が進められているので，全体のネットワークもいずれ明らかにされると期待されている．

3・3・2　除草剤抵抗性の付与と耐病性・耐虫性の付与

除草剤や病害虫に対する農薬は従来から利用されてきた．今日その使用の現状は大きく変革を要求されていることが，この項の重要な前提条件となる．かつて，農薬とは基本的に植物種に対する化合物の選択的作用を基本にしていたので，たとえばある化合物が作物には影響がないが，ある種の植物は枯らすという場合，それらは除草剤として使用されてきた．ところが，それらの多くの農薬は使用後の残留性が高く環境への影響が深刻になってきた．また，従来土壌殺菌にはほとんど万能とされてきた臭化メチルも土壌への残留性はまったく問題にならないが，空気中へ放

出されてオゾン層の破壊につながることがわかったので，2005年までには完全に使用禁止となるといったこれまでなかったような事態も発生している．つまり，農薬の直接効果以外に，その結果地球環境がどのような影響を受けるかまで考慮しなければならない時代に入っているのである．そのため，残留性の少ない，いわゆる<u>環境にやさしい農薬</u>を使うことが必要となったが，それらは多く生体内にある物質に近い物質で，やがて自然界で分解される．そのため農薬自体には植物に対する選択性を求めず，バイオテクロノジーを活用して植物体側に選択性を付与するという状況が展開しているのである．

a. 除草剤抵抗性の作物への付与

スルホニルウレア，グリホサート，ホスフィノトリシン，アトラジンなどが雑草の除去のために使われるが，いずれも自然界で容易に分解される物質である．このうち最もよく使われるグリホサートに対する抵抗性植物の育成と，ホスフィノトリシンに対する抵抗性植物育成の例について紹介する．上記の選択性からして必ず，除草剤はそれに対する抵抗性植物のセットで用いられることになる[10]．

i) グリホサート抵抗性

植物において，芳香族アミノ酸であるチロシン，フェニルアラニン，トリプトファンは，葉緑体中で 5-エノールピルボイルシキミ酸-3-リン酸シンターゼ (EPSPS) を経由して合成されているが，グリホサートは，この酵素を特異的に阻害する．植物体にグリホサートを与えるとこのステップの阻害により植物体は生存できない．

図 3・25　**除草剤抵抗性が付与されたトランスジェニックダイズ**．雑草も見られず密殖されている．（アルゼンチンコルドバ州にて）

ところが，細菌起源のグリホサート抵抗性の EPSPS が見つけられ，これを植物（たとえばダイズ）へ導入するとグリホサート抵抗性となる（図3・25）．これを Monsanto 社は，自社の製品である除草剤ラウンドアップ（グリホサートの商標名）に対して抵抗性のラウンドアップレディーダイズを生産した（図3・26）．また，グリ

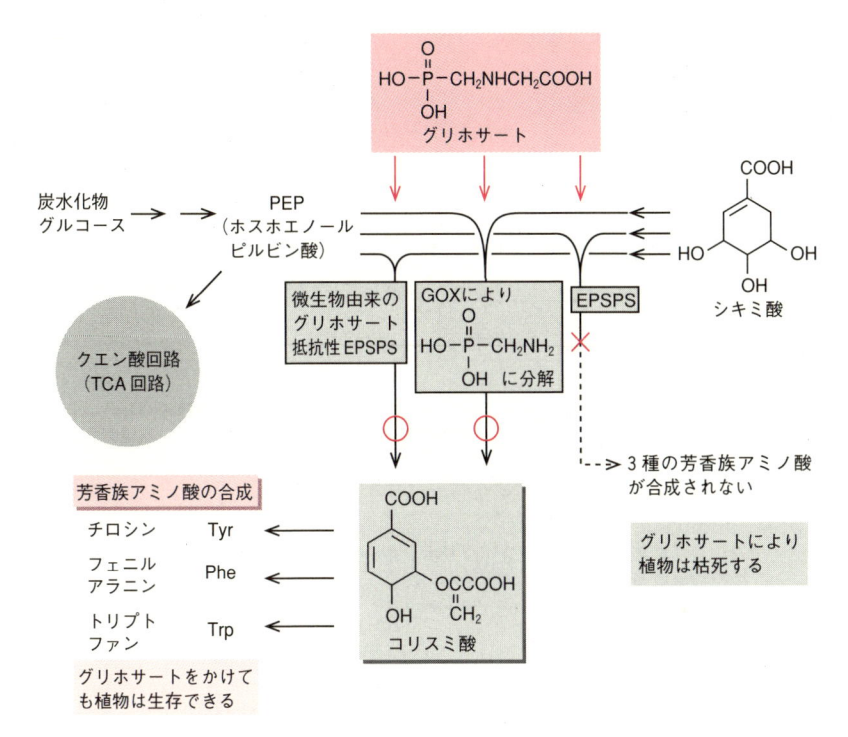

図 3・26 グリホサートの作用するシキミ酸経路とグリホサート抵抗性植物ができる原理．シキミ酸経路によって芳香族アミノ酸であるチロシン，フェニルアラニン，トリプトファンが合成される．この経路のなかで重要な位置を占める EPSPS（5-エノールピルボイルシキミ酸-3-リン酸シンターゼ）がグリホサートの標的であり，阻害を受けると芳香族アミノ酸が合成できなくなり植物は枯れる．GOX：グリホサートオキシドレダクターゼ．

ホサートの毒性を除去するためにグリホサートの C-N 結合を切るグリホサートオキシドレダクターゼ（GOX）も見つけられ，これを導入したナタネはグリホサート抵抗性となり商品化されている．

ii) ホスフィノトリシン抵抗性

ホスフィノトリシン（グリホシネート）は，アミノ酸合成にかかわるグルタミンシンターゼ（GS）を阻害する．その結果植物体中にはアンモニアが蓄積して（図3・27），植物体は枯死する．放線菌（*Streptomyces viridochromogenes*）に見られる

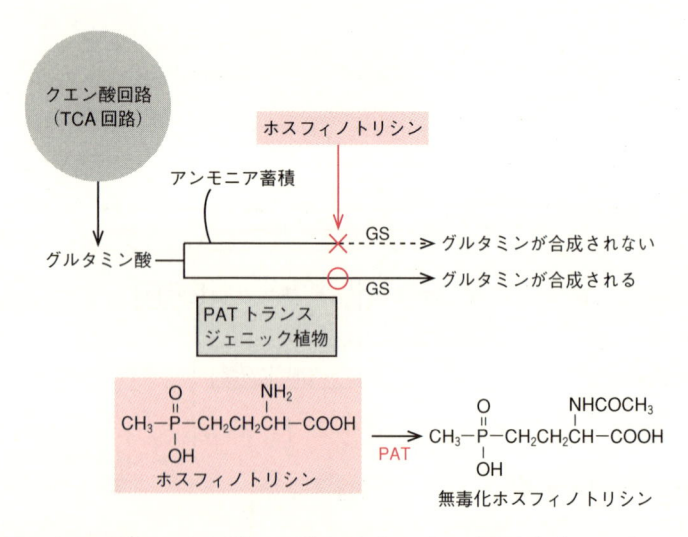

図3・27 ホスフィノトリシン（グリホシネート）の作用点とグリホシネート抵抗性植物ができる原理．GS: グルタミンシンターゼ，PAT: ホスフィノトリシンアセチルトランスフェラーゼ．

ホスフィノトリシンアセチルトランスフェラーゼ（PAT）はこのホスフィノトリシンをアセチル化して不活性化させる．この遺伝子を導入した植物はホスフィノトリシンに抵抗性となるので，これらを導入した作物の除草剤としてホスフィノトリシンを用いることができる．

b. 耐病性・耐虫性の付与[10]

i) ウイルス抵抗性

ウイルスは，宿主のタンパク質合成系を利用してみずからの増殖をはかるので，ウイルス抵抗性は，その増殖の特性に着目し，植物の機能には影響を与えない点を選んでいくつか試みられている．

1) ウイルスゲノム発現による抵抗性の付与　　まず，最初は R. Beachy ら（1986

の研究に始まるタバコモザイクウイルス（TMV）のコートタンパク質（CP）を植物体に発現させることで，TMV抵抗性が植物体に付与されるというものである．その機構としてはウイルス粒子からCPがウイルスRNAよりはがれる，いわゆる脱外被の過程で細胞中にCPがあると，脱外被が抑制されることによりもたらされると考えられている（図3・28）．実際，このCPを発現している植物は裸のRNAの

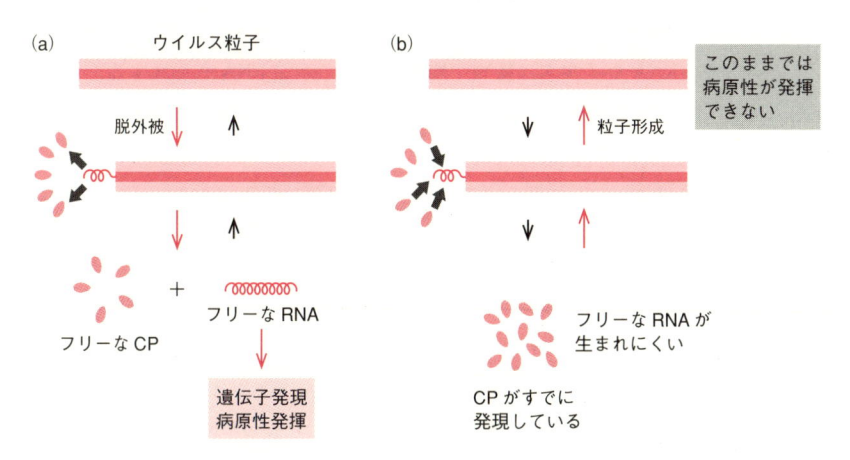

図3・28 コートタンパク質（CP）の発現による抵抗性を説明するモデル．(a) 通常の植物への感染，(b) CPを発現する植物への感染．

感染には抵抗性を示さないことは，この説明の傍証となると考えられる．これらの方法を駆使したウイルス抵抗性植物の育種は，キャッサバ，タロイモなどを主食とする東南アジア，アフリカの研究者で実用化を志向して試みられている．

増殖の特異性に着目した発想で，ウイルスゲノムのうちウイルスの複製にかかわ

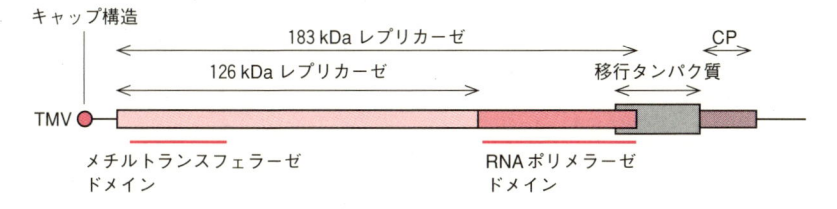

図3・29 TMVの遺伝子構造と抵抗性育種に用いられたウイルスの産物との対応．内容については本文参照．

る 183 kDa レプリカーゼのポリメラーゼドメインを植物体で発現させたところ，ウイルス増殖の抑止がみられ，特に 183 kDa ポリメラーゼドメインに挿入が入って翻訳が途中で停止したものは，その抑止効果が顕著であった（図3・29）．この場合遠縁では，やや効果が下がるものの広範囲で有効であることは汎用性があることを示していると考えられる．

　2）ウイルス複製中間体の破壊による抵抗性の付与　　このほか新しい発想によるウイルス耐性植物の育種も試みられている．植物ウイルスの大部分は RNA ウイルスであるが，RNA ウイルスは複製中間体として二本鎖 RNA を形成する．この二本鎖 RNA は植物には無縁であるので，これを標的として破壊し，ウイルス増殖を抑えようという試みである．この目的のために分裂酵母の pacI 配列を発現させることによる二本鎖 RNA の分解が試みられた．その根拠は，pacI 配列は大腸菌の RNaseIII と相同性があり，RNA のプロセシングに関係するからで，実際精製 pacI タンパク質は二本鎖 RNA を *in vitro* で分解することができた．pacI 配列を過剰に発現したタバコは，TMV，キュウリモザイクウイルス（CMV），ジャガイモYウイルス（PVY）の感染に顕著な増殖抑制効果を示した．しかもこの場合，裸の RNA を病原体とするウイロイド（ジャガイモヤセイモ病ウイロイド，PSTV など）の増殖抑止の効果もあったので，RNA を遺伝子としてもつ植物ウイルス一般への

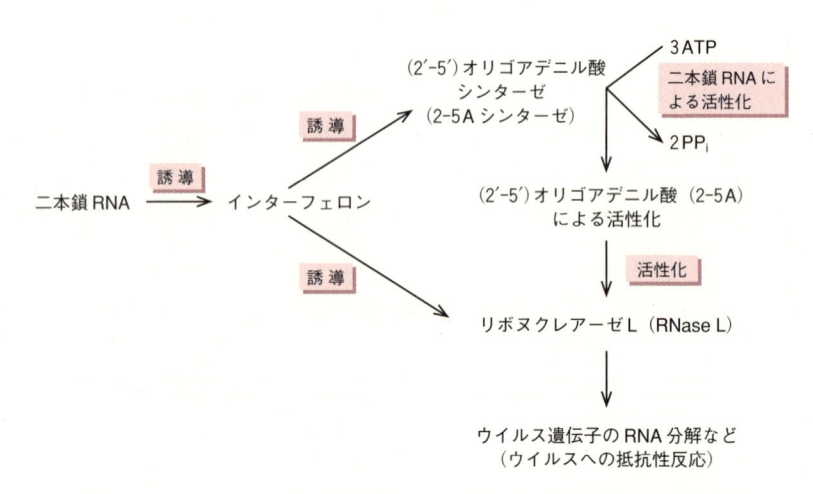

図 3・30　（2′-5′）オリゴアデニル酸シンターゼとリボヌクレアーゼ L の誘導および活性化の経路（ヒトなどで知られている）

増殖抑止効果が期待されている．

さらに類似の発想として，動物細胞で二本鎖RNAが引き金となって形成させるインターフェロンは，結果的に細胞中に（2′-5′）オリゴアデニル酸（2-5A）による活性化を介して，リボヌクレアーゼL（RNaseL）を活性化させる．このRNaseLはウイルスRNAを標的として分解するので，このシステムの植物細胞への導入が試みられた（図3・30）．ヒト起源のRNaseLあるいは2-5Aを単独で発現させたタバコは，TMV，CMV，PVYに抵抗性を示さなかったものの，両者を同時に発現させた植物はCMV，PVYに過敏感反応を示した．このことは，ウイルス感染した植物は，過敏感反応の後に壊死を起こすので，仮に病徴が見られても，このような形でのウイルスの抑止効果が期待される．この発想は動物のインターフェロンの発現機構から思いつかれたものであるが，最近のゲノム情報（後述）は意外にも類似の遺伝子が植物細胞にもあることを示しているので，植物本来の防御システムを用いても同様な企てが可能かもしれない．

ii）干 渉

従来農業で実践されてきたウイルス感染対抗法に，病徴の弱い弱毒ウイルス（attenuated virus）を植物体に感染させると，近縁の多種ウイルスを感染させてもそれらに対して抵抗性を示すことを利用する方法がある．この現象は，**干渉現象**（interference phenomena）とよばれるが，これに着目してトマト黄化壊疽ウイルスの核タンパク質を組込んだ植物体を再生したところ，この植物はすでに述べたコートタンパク質（CP）の発現による抵抗性と異なり，タンパク質が翻訳されないような場合にも当のウイルスに対して抵抗性を示した．これは，CP発現の場合と異なり，あるRNAが発現しているとその類似配列をもつウイルスに抵抗性が生じることになる．RNA配列を介したことによるウイルス抵抗性と考えられる．これは，より一般的に，転写がある程度の閾値以上になると，同時あるいは後から合成されるmRNAの蓄積は何らかの理由で抑制される現象と考えられ，**転写後遺伝子サイレンシング**（posttranslational gene silencing, PTGS）と区分される．この干渉作用はウイルスが感染すると全身に広がるシグナルが合成されて，ワクチンのような効果をもたらすと考えられる．アフリカでイネに大きな被害を与えるイネ黄斑病ウイルス（rice yellow mottle virus, RYMV）に対する抵抗性を与えるために，レプリカーゼ遺伝子をイネに導入して見られた抵抗性もこれらPTGSの一例と理解されている．

iii) 抗菌タンパク質, 解毒酵素遺伝子の導入

昆虫は哺乳類などの免疫系がない代わりに, 独自の病原体に対する防御システムをもっているが, それらはニクバエのサルコトキシン IA やカイコのセクロピンであり, いずれも殺菌作用をもっているタンパク質である. これらの遺伝子を過剰発現させたタバコは, タバコ野火病菌 (*Pseudomonas syringae* pv. *tabaci*) によるタバコ野火病, 軟腐病菌 (*Erwinia carotovora* subsp. *carotovora*) による軟腐病, イネ白葉枯病菌による白葉枯病に対する抵抗性を示した. これら抗菌性ペプチドは, いずれも比較的短いアミノ酸配列であるが, ヘリックス構造またはシート構造をとって原核生物の細胞膜に入り込んでイオンチャネルとなり, 細胞のイオン濃度勾配を破壊する. このためこれらのペプチドは, **陽イオン性抗細菌性ペプチド** (cationic antibacterial peptide, CAP) とよばれている. これらの複数のペプチドの情報から試行錯誤のうえつくられたのが 34 個のペプチドからなる MsrA1 である. このペプチドを発現するようにされたトランスジェニックジャガイモは, 根腐病菌 (*Phytophthora cactorum*, *Fusarium solani*) や軟腐病菌などの複数の病原体に抵抗性を示した.

iv) 殺虫タンパク質遺伝子

ヨーロッパアワノメイガ (*Ostrinia nubilalis*) は, アメリカへ侵入してトウモロコシの葉に卵を産み付け, 孵化した幼虫は植物体を食い荒らし, 大きな被害をもたらしたが, このような天敵のいないところに導入された生物の異常繁殖はしばしば観察されるところである. このために, 鱗翅目 Lepidoptera に対して広く殺虫効果を示す細菌 (*Bacillus thuringiensis*) の胞子体につくられる殺虫タンパク質 (**Cry タンパク質**または Bt タンパク質ともいう) を散布して防除することが行われてきた. この方法は環境にやさしい生物農薬としてかなり広まったが, 散布では, 散布むらによる生き残りなどが問題となっている. このタンパク質は微量で効果があることから, より直接的に植物体にこのタンパク質をつくらせて殺虫効果を期待する試みが行われるようになった (図 3・31). また, ワタ, ジャガイモにはオオタバコガ (*Heliothis virescens*) やコロラドハムシが害虫として付くが, Cry タンパク質はこれにも有効で, Cry1Ac を発現させた植物体はこれらの昆虫感染に抵抗性を示した. なお, この際多くある Cry タンパク質のうち, Cry1Ab, Cry1Ac 相互のアミノ酸配列は 90% 以上の相同性があることから, 同時に複数のタンパク質に対して抵抗性を示す可能性を低くするために, 別なタンパク質 Cry2A を同時に発現させることが企てられている.

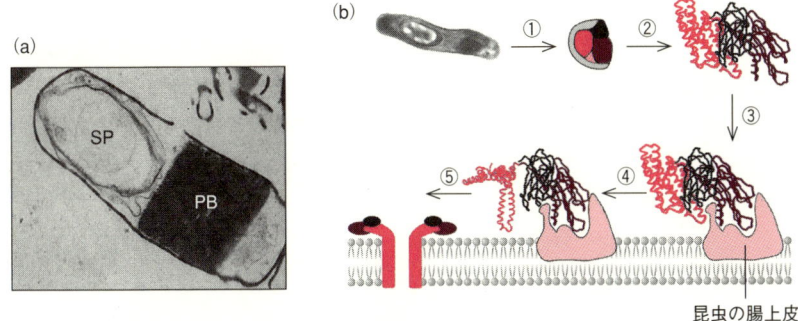

3・3 ストレス耐性, 耐病・耐虫性植物の原理とその実際

昆虫の腸上皮
細胞の受容体

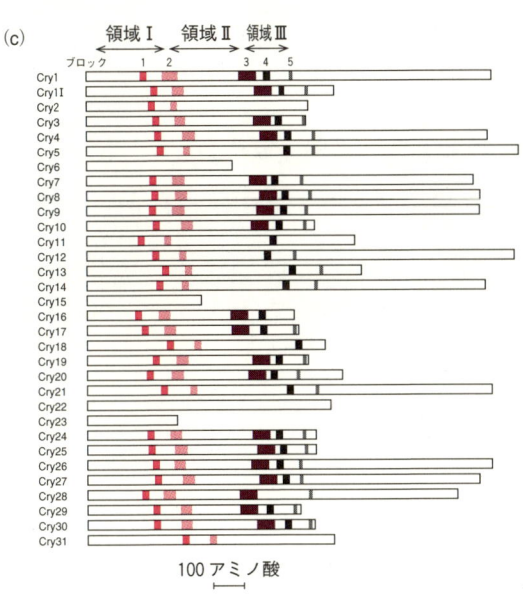

100 アミノ酸

図 3・31 **Cry タンパク質**. (a) 胞子体をつくっている *Bacillus thuringiensis* の電子顕微鏡写真. Cry タンパク質が結晶をつくっている (PB) 様子が見える. SP: 胞子の部分. (b) Cry タンパク質の作用. ① 昆虫体内に入ると腸内に結晶が溶け出す. ② プロテアーゼの作用でプロセシングを受けて分子の形が変わる. ③ 活性化されたタンパク質は上皮細胞にある受容体と結合する. ④ 分子の形が変化し, ⑤ オリゴマー構造を形成して細胞膜に"穴"を形成すると考えられている. (c) Cry タンパク質の一次構造. 番号によって分子種が異なることを示す. ここに描かれた一つの分子種にもさらに細かい違いをもつものが見いだされており, そうしたものの区別には番号のつぎにアルファベット (大文字, さらにつぎの段階で小文字) を添えて別の名を与える例. 本文中の Cry1Ab と Cry1Ac, Cry2A など, 各分子間で保存性の高い部分には同じ色を付けて示してある. 機能との関連で領域 I, II, III と名付けられた配列部分をもつ. 〔R. A. de Maagd, A. Bravo, N. Crickmore, *TREND Genet.*, **17**, 193 (2001)〕

v) 植物の抵抗性遺伝子

植物体には，病原体に対する抵抗性の性質が進化の過程で獲得されている場合がある．たとえば，タバコに N 遺伝子として同定されている遺伝子があるが，この遺伝子をもった植物にタバコモザイクウイルス（TMV）が感染すると，**過敏感反応**（hypersensitive reaction，HR）とよばれる反応を起こす（図 3・32）．その結果

図 3・32　過敏感反応の例．タバコモザイクウイルスを，抵抗性の品種（N 遺伝子をもつ）に感染させても，壊死斑をつくりそれ以上広がらない（右）．真ん中は，感染して TMV が全体に広がったモザイク症状を示す葉で，左は健全な葉である．

壊死斑が生じ，その組織は死んでしまってウイルスの移行は阻止される．このような壊死斑を生じてウイルスを封じ込める反応は，植物全体としては病気を免れることになり，それらの抵抗性因子を **R 遺伝子**という．病原体を認識して防御反応を誘導する形質を**抵抗性**，さらにその形質を与える遺伝子を**抵抗性遺伝子**と定義している．壊死斑の発生は，一種の**プログラム死**（programmed cell death）である．

植物体側の R（resistant）遺伝子に対しては，病原体側の産物である Avr（avirulent）遺伝子産物との間に特異的な相互作用があることが明らかになってきた．このような宿主遺伝子と病原体遺伝子との特異的対応関係を**遺伝子対遺伝子説**（gene for gene theory）とよんでいる．これは，植物の進化の過程で獲得した病原体に対する一種の監視機構（surveillance system）であるとみなすことができる．

例としてあげたタバコの N 遺伝子は，1994 年に 1144 のアミノ酸残基からなるタンパク質を産物とする遺伝子として単離され，この N 遺伝子を導入したトマトは TMV の感染によって過敏感反応を示した．同様に，ジャガイモウイルス X（PVX）に対してはジャガイモから抵抗性遺伝子 Rx が，カブクリンクルウイルス（turnip crinkle virus, TCV）に対してはシロイヌナズナから抵抗性遺伝子 HRT が単離された．これら遺伝子を導入したトランスジェニック植物では，特定の病原体に特異的に過敏感反応を起こし，その遺伝形質はいずれも優性に発現することが特徴である．そのほか，細菌ではタバコ野火病菌（*Pseudomonas syringae*）に対する抵抗性遺伝子 RPS2，RPM1，イネ白葉枯病菌（*Xanthomonas oryzae* pv. *oryzae*）に対する抵抗性遺伝子 Xa21，Xa1，カビ類では，葉カビ病菌（*Cladposprorium fulvum*）に対する抵抗性遺伝子 Cf-9，ベト病菌（*Peronosprora parasitica*）に対する抵抗性遺伝子 RPS8 などが知られているが，これら細菌や糸状菌などに過敏感反応を示す抵抗性遺伝子の産物には，興味深いことに共通してヌクレオチド結合部位（NBS），ロイシンリッチリピート（LRR）と名づけられた配列が見いだされていた．進化の間に遺伝子の重複を繰返しながら，異なる病原菌の Avr 遺伝子産物に対応して生成されてきたことを想像させる．さらに，この概念は線虫やアブラムシに対する耐性にも

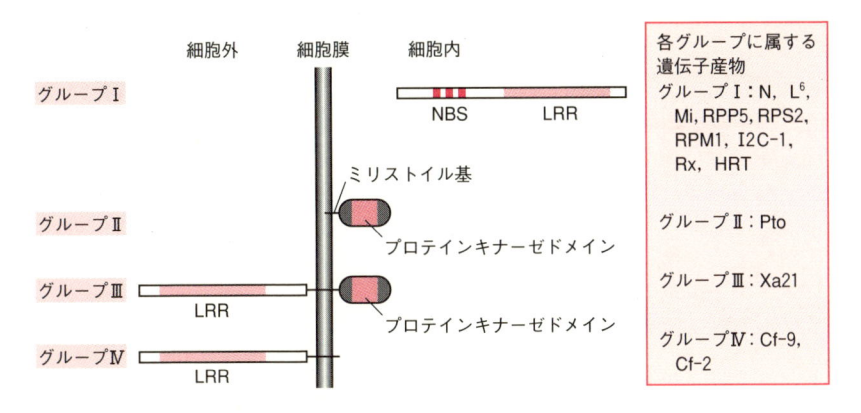

図 3・33 植物がもつ抵抗性遺伝子産物の配列上の特徴．グループⅠ：NBS-LRR，グループⅡ：プロテインキナーゼ，グループⅢ：細胞外 LRR をもつレセプターキナーゼ，グループⅣ：細胞外 LRR をもつ膜タンパク質．グループⅠに見られる NBS はヌクレオチド結合部位，LRR はロイシンリッチリピート（ロイシンに富む繰返し）を示す．さまざまなタンパク質-タンパク質相互作用にかかわることが知られているモチーフである．NBS とは種々の ATPase，GTPase などに共通に見られるモチーフである．ミリストイル基はタンパク質を膜につなぎとめる修飾基．

適用できることがわかった．土壌中に生息する線虫の一種 *Meloidogyne incognita* は，トマトなどの作物の根に感染して"根コブ"病を起こす．野生種トマト（*Lycopersicon peruvianum*）はこの線虫の感染に抵抗性があるが，その抵抗性遺伝子座 *Mi-1* から，遺伝子が単離同定された．それはアブラムシの抵抗性遺伝子座 *Meu-1* と同一で，この遺伝子を導入した植物は線虫とアブラムシに耐性となった．遺伝子配列解析の結果は，この遺伝子は R 遺伝子の一種であり，LRR および NBS 配列をもっており，R 遺伝子の適応範囲は広範で，多種生物の間の相互作用にかかわることが明らかになった．これら R 遺伝子の構造上の類縁性は図 3・33 に示される．ただし，図 3・33 にも示されるように NBS，LRR をもたないものもあり，R 遺伝子成立のプロセスの多様性をうかがわせる．なお，これを裏付けるように，2000 年末に決定さ

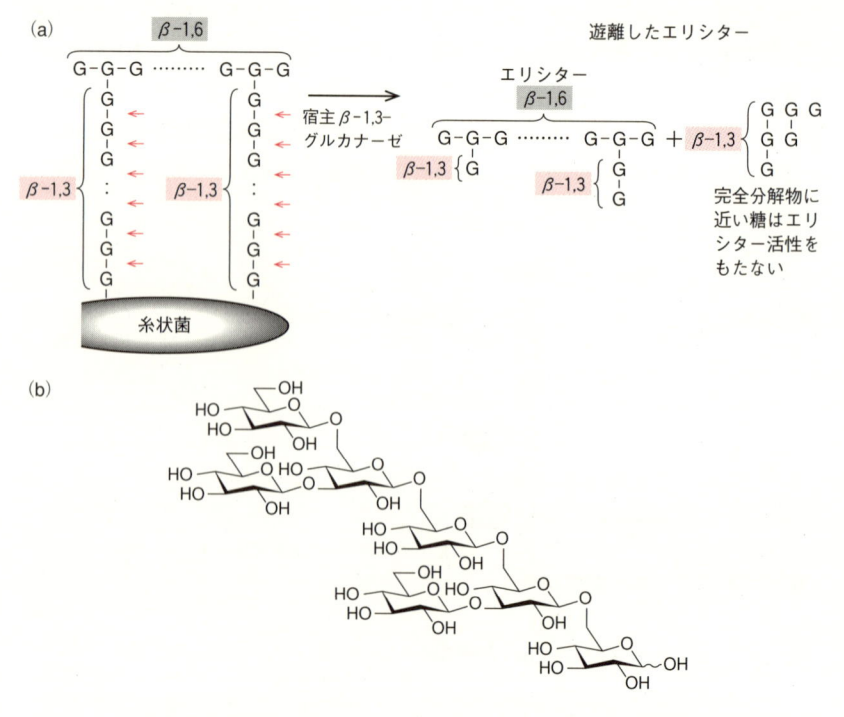

図 3・34　糸状菌の細胞壁の構造とエリシターの例．(a) G はグルコース分子を示し，β-1,3 結合および β-1,6 結合によって糸状菌の細胞壁が構成されていることを示す．植物の β-1,3-グルカナーゼが作用してエリシターが遊離する．(b) ダイズ疫病菌（*Phytophthora megasperma*）の細胞壁から得られる β-グルカンエリシター活性分子．

れたシロイヌナズナの遺伝子配列（§3・4・2参照）には，NBS, LRR をもつ遺伝子が全遺伝子の 2 % を占め，それ以外にも相当あると予想されるので，ここでふれた R 遺伝子を導入することによる病気に対する抵抗性の付与は，さらなる研究の発展と応用可能性の余地があることを示している．

vi）糸状菌抵抗性とエリシター

エリシター（elicitor）とは，植物に生体防御反応を誘導する物質と定義されている（図3・34）．このエリシターは，糸状菌の細胞壁の構成成分であるキチンや β-グルカンが，植物の合成する酵素であるキチナーゼや β-1,3-グルカナーゼにより分解された産物であると考えられているが，完全に分解された単糖ではそのような効果はない．これらの酵素のうちクラスⅠとよばれるグループのグルカナーゼは液胞中に存在し，in vitro の実験では糸状菌の成長阻害を示した．実際クラスⅠキチナーゼ遺伝子を発現させたトランスジェニックタバコは，苗類立枯病菌（Rhizoctonia solani）に対する抵抗性を示した．

エリシターは，植物に低分子性の抗菌性物質である**フィトアレキシン**（phytoalexin, 図3・35）の合成を誘導し，これらのフィトアレキシンが植物細胞の糸状菌に対する抵抗性を高めていることも報告されている．ブドウでは，レスベラトロールというフィトアレキシンを合成すると糸状菌の灰色カビ病菌（Botrytis cineraea）に対して抵抗性になることが知られているが，このレスベラトロール生合成遺伝子をタバコ，アルファルファ，イネに導入したところ，これらの植物は，灰色カビ病菌，イモチ菌の感染に抵抗性を示した例があるので，このような方法も有効と考えられる．

vii）天敵による昆虫防除

自然界に見いだされる生物間の相互作用を利用した害虫駆除法は，近年の環境に配慮して用いられるようになった方法である．ナミハダニ（Tetranychus urticae）は葉に付くと爆発的にその数を増し，植物を枯らす害虫である．ところが，植物はダニによる被害をこうむると，リナロールなどの揮発性物質（図3・36）を生産し始めるが，そのなかのサリチル酸メチルはシグナル物質として作用し，捕食性の天敵である肉食性のチリカブリダニ（Phytoseilus persimilis）が呼び寄せられる．その結果，チリカブリダニは，大きさは 1 mm 程度とあまり変わりないが，天敵となってナミハダニを食べ尽くす．この際，昆虫の唾液腺中にあるエリシター様物質ボリシチンによって植物はテルペノイド，インドールなどの揮発性物質合成酵素の活性化が誘導される．ハダニの食害によって放出される物質（**SOSシグナル**という）

(a)

レスベラトロール　　ピサチン

アベナルミンI　　イポメアマロン

(b)

フェニルプロパノイド合成系

フェニルアラニン → ケイ皮酸 → 4-クマル酸 → 4-クマロイル CoA → (+ 3× マロニル CoA) → カルコン → フラバノン → フラボン

PAL
CHS

PAL：フェニルアラニンアンモニアリアーゼ
CHS：カルコンシンターゼ

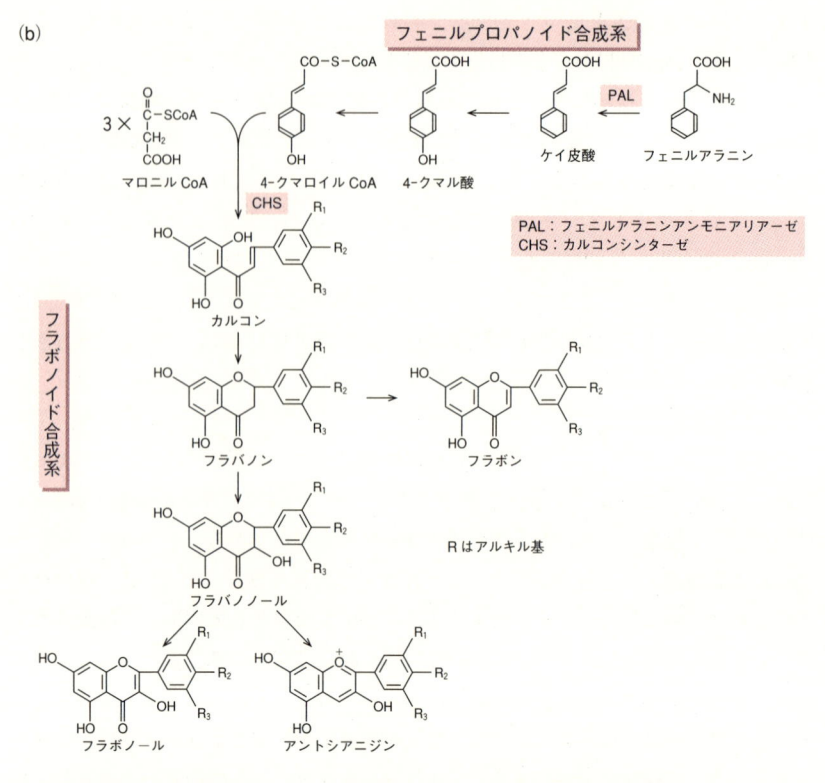

フラボノイド合成系

フラバノン → フラバノノール → フラボノール / アントシアニジン

Rはアルキル基

図 3・35　**フィトアレキシン**．(a) 代表的なフィトアレキシンの例．(b) フィトアレキシンができる代謝系の概略．PAL，CHS とよばれる酵素が鍵酵素となっている．

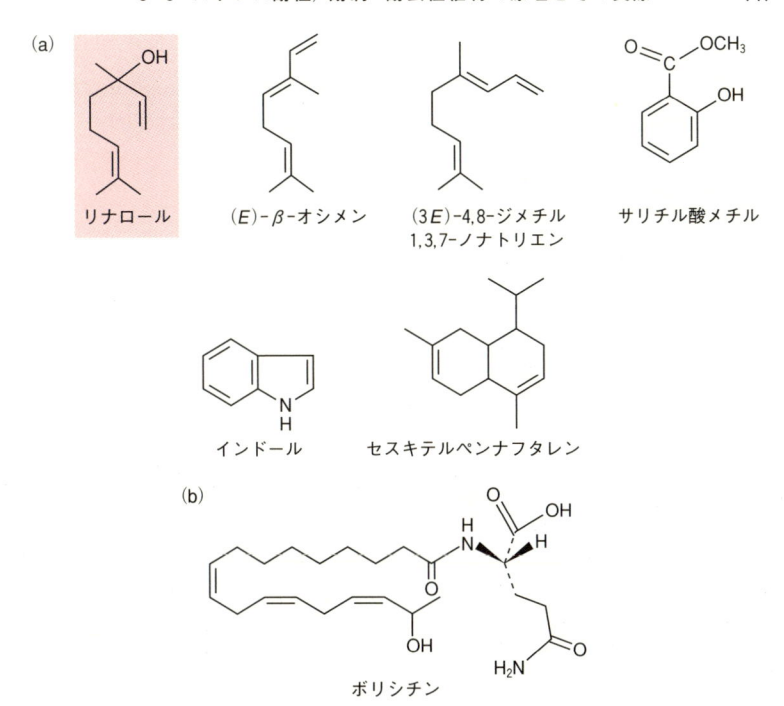

図 3・36 植物が天敵昆虫を引き寄せる SOS シグナルとして作用している化学物質の例 (a) およびボリシチンの構造 (b). リナロールは植物が植食者に加害されると出す物質の代表的なものである. サリチル酸メチルと類似の物質は広く植物が病原体侵入を感知した際に合成されることが知られている (図 3・38 参照). ボリシチンはトウモロコシにヨトウムシが食害を加えた際に昆虫が合成するエリシター物質である. この物質によって (a) のインドール, セスキテルペンナフタレンの合成酵素の発現が植物で誘導される.

のブレンド比は,さまざまであるという測定結果がある.

viii) **セカンドメッセンジャー**

これまでふれてきた例は病原菌の感染とそれに対する何らかの抵抗性という個別点について着目して述べてきたが,それらの多くの関係で共通して登場する因子がある.それは,いわゆる**セカンドメッセンジャー**とよばれるもので,植物ホルモンに属するエチレンであり,しばしば植物ホルモンに準ずる取扱いがされるサリチル酸やジャスモン酸であるが,特徴的なことはそれらはネットワークを形成していることである.たとえば,図 3・37 に模式的に示されるように,R 遺伝子とカルモ

ジュリンシグナルおよびエチレン，ジャスモン酸，サリチル酸の信号系は密接に関連しており，それらがつながっている証拠も蓄積され始めている．特に，カルシウムの流入とそれに対応してカルモジュリンタンパク質が，最初に位置すると考えら

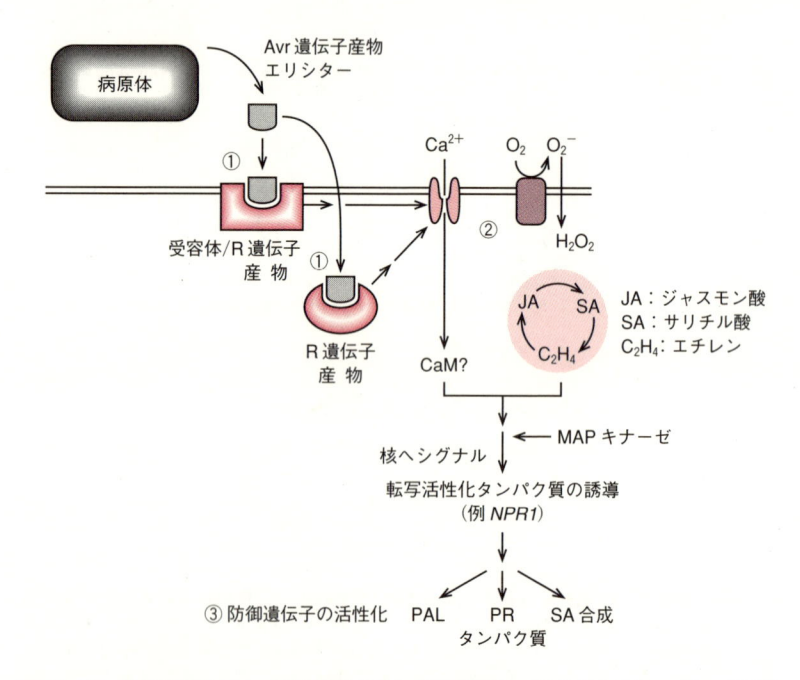

図 3・37 病原体侵入によってひき起こされる防御反応．① 病原体侵入の感知（認識），② シグナル物質の生成，③ 防御遺伝子の発現．CaM：カルモジュリン，PAL：フェニルアラニンアンモニアリアーゼ（図3・35参照），これらの詳しい説明は本文を参照のこと．PRタンパク質：病原体が侵入した際に発現誘導を受ける低分子タンパク質の総称．PR-2, 3, 4などとそれぞれよばれ，のちになってグルカナーゼ，キチナーゼなどの活性をもつことが明らかとなった．

れている．

ところで，R遺伝子により過敏感反応が起こると感染細胞付近でサリチル酸（図3・38）が合成され，その周辺に広がり，**全身獲得抵抗性**（systemic acquired resistance, SAR）とよばれる現象が観察される．従来このSAR現象は，複雑な現象の組合わせと想像されてきたが，シロイヌナズナから単離された遺伝子 NPR1 の発現の増大は，病原菌への抵抗性を増し，複数の PR 遺伝子の発現を誘導した．NPR1 は，この現象の要にあるらしく，この遺伝子の欠損株では，幅広い抵抗性が

失われた．今後なお R 遺伝子との間を埋める必要があるが，病気に対する抵抗性の分子育種への展望が開けていることを示している．それらの下流に MAP キナーゼ，MAP キナーゼキナーゼキナーゼが関与して各種防御遺伝子とそれらの転写因

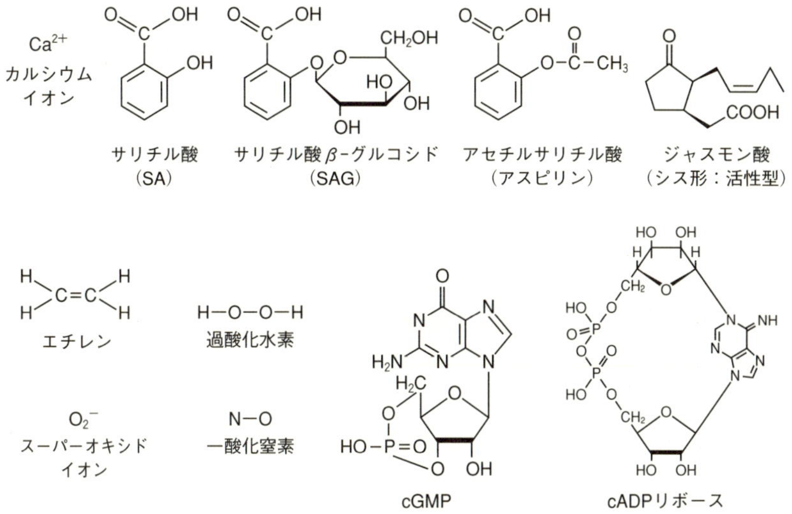

図 3・38　植物が病原体侵入を感知した際に合成されるシグナル伝達物質

子がかかわっていると思われる．しかも，重要なことは，これは病気に限らず正常な発生分化の基本にかかわることである．シロイヌナズナのゲノム情報（§3・4・2参照）はこれらのスキームの確立に特に有用と思われ，特に DNA マイクロアレイを用いてかかわる cDNA の枚挙はすでに試みられている．これらは，これまで断片的であった耐病性の機構を明らかにし，よりシステマティックな耐病性の理解と耐病性植物の育成につながると思われる．

c. 生態系の考慮　　最後に，システマティックな発病とその理解，さらに耐病性植物の育成は，全体として生態系の理解ないし考慮を必要とするという認識が高まっている．研究としては，なお挑戦的な段階にあるが，今後いっそう重要となると考えるのでその概要にふれる．これは，初めにもふれた地球環境にやさしい耐病性という視点ともつながる．

このような考慮が必要であることは，いくつかの試験的な実験からも示唆されて

いる．まず，病原菌の攻撃の下に抵抗性遺伝子 R 遺伝子をもった植物を栽培すると，その収量は R 遺伝子のある方が収量が高いが，病気が発生しない状況では，かえって R 遺伝子のある方が，収量が低下することが報告されている．これは，R 遺伝子の存在は，植物にとってある種の負荷を与えていることを意味するわけで，生態学でいうコストを払うことにほかならない．さらに，中国雲南省でイネを用いて大規模な栽培実験が行われたが，高冷地ゆえ病気に感受性の高い品種の栽培が問題であった．そこで，R 遺伝子をもつものともたないものをパッチ状に栽培したところ，結果的に病原菌の発生は少なく，また昆虫の発生も低かった．これは，病気は，人間がつくり出したものという反省が必要と思われる．p.110 でふれた Bt 遺伝子を導入したトランスジェニック種の栽培も，最近では混栽を推奨していることもこの現れであろう．

3・4 植物ゲノムプロジェクトと植物工学の展望
3・4・1 モデル植物としてのシロイヌナズナ

本来アブラナ科の雑草であるシロイヌナズナ（*Arabidopsis thaliana* (L.) Heynh., 図3・39）は，今日植物科学において最も重要な研究材料となり，そこでの研究成果は生物科学全体としても注目を集めるようになった．2000年末にその全ゲノム配列が決定されたことがその大きな理由であるが，そこまで到達するには背景がある．

研究上の利点とは，栽培が容易であり，実験室のような小規模の栽培面積でも可能であることもあるが，生活環の1サイクルがおよそ6週間であるので，交配などの遺伝学的操作とその解析が容易であることが第一の理由である．さらに，分子遺伝学的手法が活用できることももう一つの要因である．今一つ，シロイヌナズナで特徴的であったことは，それ以前の線虫（*Caenorhabditis elegans*）の研究協力体制を手本にして，ガラス張りの環境での情報交換，試料の交換を積極的に進めたことであった．特に，世界的な標準株としてエコタイプ Columbia および Landsberg *erecta* が選定され，世界中の研究室での研究成果が研究者の共有になったことは大きい．遺伝的バックグラウンドが共通であるので，異なる研究室で単離された突然変異体も容易に比較でき，ただちに二重変異体の作製も実行可能であるからである．さらに，欧米2箇所（米国オハイオおよび英国ノッチンガム）のストックセンターは，各国の研究者に研究材料や成果の提供を求めるとともに，その提供にあたった．なお，タギングライブラリーや cDNA クローン，変異体の標準株などがそれぞれのセンターより実費で入手できることも大きい[11]．

なお，シロイヌナズナ研究に新たに参入する学生・研究者のために，シロイヌナズナガイドブックも"Arabidopsis Book"として，C. Sommerville と E. Meyerowitz 編で発刊されているが，単行本ではなく米国植物生物学会のウェブサイトで見ることができる（http://www.aspb.org/publications/arabidopsis/）．

図 3・39 シロイヌナズナ．Columbia 野生株を示す．右列は下から2枚の子葉，第1普通葉，第2普通葉，…の順に並べた葉．スケールは5 mm．花は拡大して示した．

3・4・2 シロイヌナズナゲノムプロジェクト

ゲノムサイズが 125 Mbp と高等植物では最も小さいことから，シロイヌナズナのゲノムプロジェクトは早くから世界規模でスタートした．米国，欧州および日本の3極6研究グループの協力によるコンソーシアム"The *Arabidopsis* Genome Initiative（AGI）2000"によって進められたプロジェクトは，2000年12月に終了し

たが，その詳細はAGIホームページ http://www.arabidopsis.org/agr.html において見ることができる[12]．

この発表以後，ある表現型を与える原因遺伝子の単離同定法に変革がもたらされた．突然変異体は，従来のように突然変異剤などで処理して得られる．その後の遺伝子の同定は，*Agrobacterium tumefaciens* のT-DNAの挿入によるT-DNAタギング（図3・40）によりつくられた変異体をスクリーニングして，対立遺伝子座に変異が入った変異株を選抜するといったステップは変わらないが，その後のプロセスが飛躍的に容易になった．なお，変異体はいくつかのストックセンターのタギングライブラリーより入手して，選抜することになる．T-DNAを手掛かりにしてその両端の配列を元にしてT-DNAの外側に向かうプライマーを設計し，逆PCRを行うことにより，T-DNAの挿入された位置の塩基配列が特定できる．従来は，そこからその塩基配列をプローブにして，ゲノムライブラリーからその遺伝子の全長を含む断片を単離していたが，シロイヌナズナの全ゲノム配列が決定されているので，T-DNAの挿入近傍の配列からデータベースを用いてそのデータのひき出しが可能である．この *in vitro* の実験を必要としない塩基配列決定はコンピューター上でなされるので，***in silico*** のクローニングとよばれる．さらに，ゲノム領域に対応するcDNAの配列もEST（expressed sequence tag）として蓄積されているので（http://www.kazusa.or.jp/en/plant/arabi/EST/)，これらの情報とともにcDNAクローンも利用できる．さらに，そこからさかのぼって，遺伝子配列の機能を知ろうとすれば，アンチセンス法やRNAi（RNA interference）法により，その遺伝子発現を抑制することにより，詳細な機能の推定が可能である．

また，変異体の解析が進み，染色体上のRFLP（制限断片長多型）などのゲノムマーカーが利用できるので，ある突然変異の染色体上での位置が推定できれば，そこからいわゆる"マップベース"クローニングによる，ゲノムウォーキングによっても遺伝子の同定が可能である．そこから相当するゲノム領域の塩基配列をデータベース上で探すことができる．つぎに，拾い上げられた候補の遺伝子のどれが求めるものであるかは，遺伝子導入による突然変異株の機能相補によって同定可能である．

シロイヌナズナの全ゲノム配列が決定されたことにより，高等植物全体のゲノムに関する研究も進展されるようになった．その結果かなり遠縁のトマト（ナス科）植物と比較してもそのゲノム構造が似ていることが示されたが，特にシロイヌナズナの属するアブラナ科ではより厳密な議論が可能となった．アブラナ科には3350

種が属するが，そのうち Capsella rubella（ナズナ属）では，シロイヌナズナとの詳細な比較研究が行われた[13]．

まず，以前より RFLP マーカーとサザン解析を組合わせた手法で，シロイヌナズ

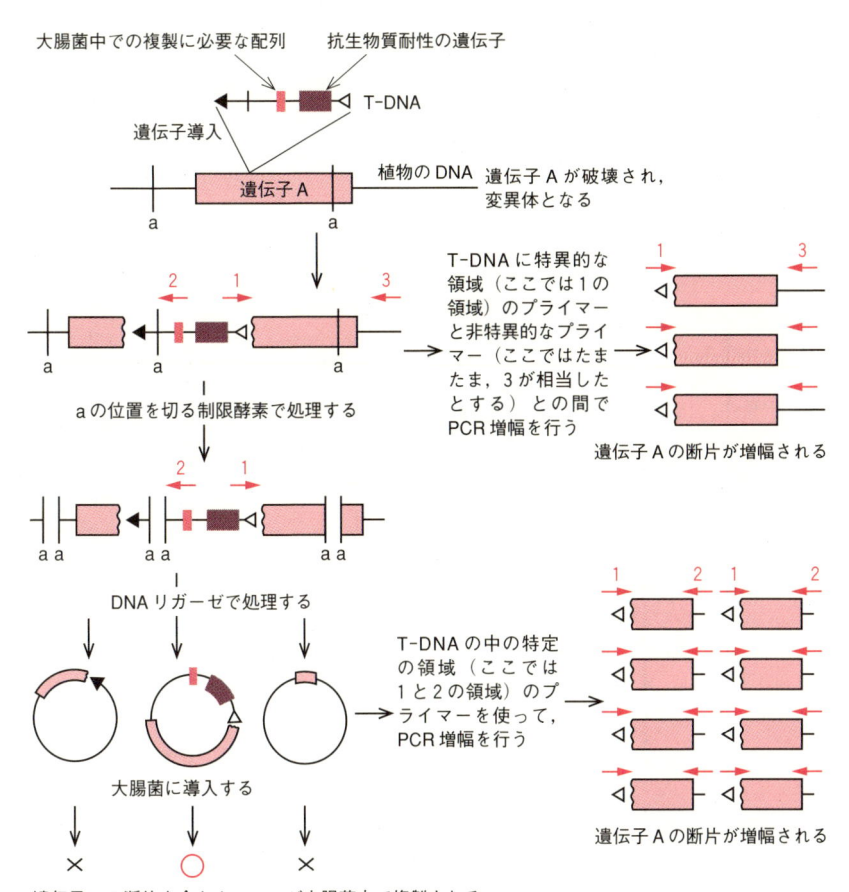

図 3・40　T-DNA タギングの原理．遺伝子単離に至る間での手順例を三つ示す．T-DNA 領域に，大腸菌中での複製を可能とする領域と，その大腸菌に抗生物質耐性を付与するような遺伝子をのせておくことで，目的とする断片を回収する方法（左列）は，プラスミドレスキュー法とよばれる．また T-DNA に特異的な配列を利用して，その配列を特異的に認識するプライマーを設定すれば，PCR 反応によって目的の領域を増幅することもできる（右列）．後者の詳細は本文も参照のこと．

ナと *C. rubella* の遺伝子構造の比較の結果，両者はよく似ていることが明らかにされた．しかしながら，相同遺伝子に関して配列が似ており，しかも機能的には同一の役割を果たしている**オルソログ**の場合は，その先の議論が容易であるが，機能的・構造的に差異が生じた**パラログ**がある場合には，決定的な議論は進められない．そのような限界はあるものの，シロイヌナズナの第4染色体上にのっている遺伝子と *C. rubella* の染色体の遺伝子と比較すると，互いによく染色体上の位置が似ており，90％以上がよく保存されていたが，なかには遺伝子が複数存在する場合や逆位の起こっている場合も見られた（図3・41）．

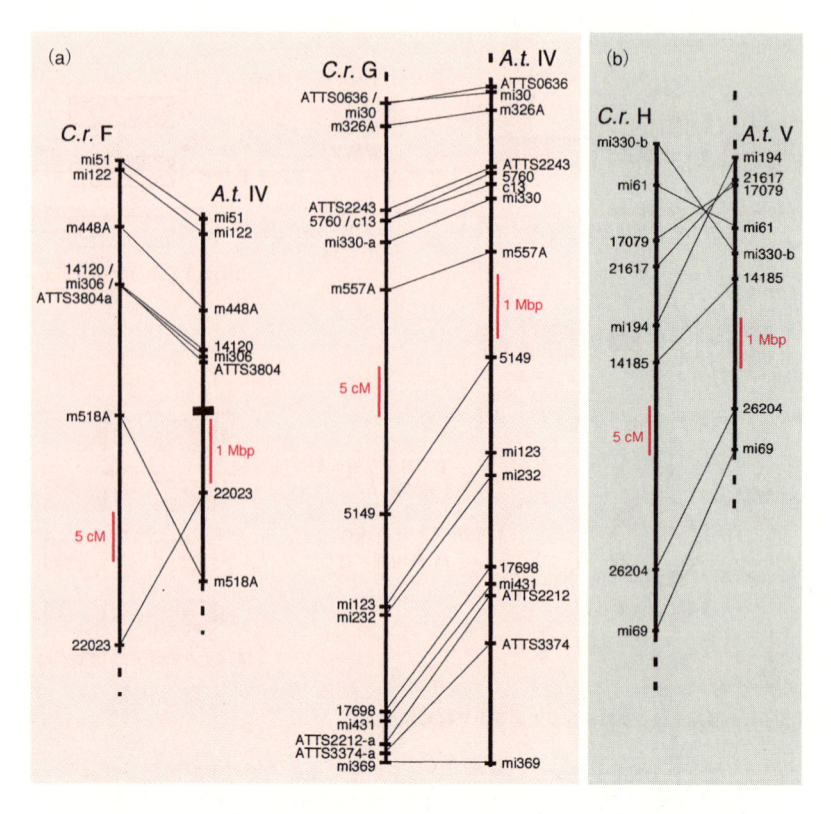

図3・41 (a) シロイヌナズナ (*A. t.*) 第4染色体上にのっている遺伝子とナズナ (*C. r.*) の染色体上の遺伝子の位置関係を示す．染色体上の符号は，RFLPマーカーあるいはEST配列を示す．(b) シロイヌナズナ第5染色体上の遺伝子について同様な調査をしたものを示す．

3・4・3 ゲノミクスと植物工学の近未来像

　遺伝子情報が蓄積された今日，それを総合的に理解し，研究を推進する分野としてゲノミクス（genomics）が成立しているが，これはコンピューター情報に大きく依存している．手法的には，チップ上にDNA断片を稠密に並べたマイクロアレイ（microarray）により，一度に1万にも達する遺伝子の発現を調べることができる[14]．また，タンパク質の解析もその精度が飛躍的に進んだので，二次元電気泳動の結果をQTOF質量分析器にかけタンパク質の同定とそのアミノ酸配列の情報に基づく，プロテオミクス（proteomics）あるいはプロテオーム（proteome）が確立しつつある[15]．そこで，これらの情報をコンピューター上で活用し，発生，成長，分化といった生活環諸相での過程をバーチャルに再現して，植物の生育を見ることが近未来の現実になることが予想されている．すなわちバーチャル植物（virtual plant）の誕生で，その結果研究も新しいスタイルで展開すると予想される．

3・4・4 イネゲノムプロジェクト[16]

　シロイヌナズナの全ゲノムの決定を追いかけているのはイネゲノムプロジェクトである．主としてアジア地域での重要な食糧であるイネがゲノムプロジェクトの対象になったのはいくつかの理由がある．まず，世界的により広い地域で食糧とされるコムギの生産量は最も多いが，その遺伝的組成が3種のゲノムの合体である複三倍体であるため遺伝子が重複している．このため，DNA量も多いのでゲノムの解析には不適であるからである．一方，遺伝学が進んでいるトウモロコシも，その祖先は雑種性の植物であり，ゲノム量も多いこともありゲノム解析の対象にはなりえなかった．イネは，シロイヌナズナに比べるとDNA量はその約3倍と多い（約430 Mbp）が，遺伝的組成は他種イネ科植物に比べたらずっと単一であるので，穀物としては唯一のゲノムプロジェクトの対象となった．イネ（*Oryza sativa* L.）は，大きく分けてジャポニカとインディカに分けられるが，ゲノムプロジェクトの標準品種となっているのはジャポニカに属する"日本晴"という品種である．日本では伝統的にイネの遺伝学が盛んで種々の変異株の蓄積があることもこの背景にある．

　イネゲノムは，日本の農林水産省が中心となって，全ゲノム情報公開を前提にして国際コンソーシアムを結成して進められている．12対ある染色体のそれぞれを日本，韓国，中国，台湾，タイ，インド，フランスなどで分担することになっているが，一部インディカ種イネを材料とする国もある．コンソーシアムは，IRGSP（International Rice Genome Sequencing Project）といい，ホームページ（http://rgp.

dna.affrc.go.jp/）で情報が得られる．

しかしながら，これらのプロジェクトと独立に企業も行っており，しばしばIRGSPに先んじて塩基配列を決定したというニュースがメディアに登場している．そこで次の段階に重要となってくるのは遺伝子の機能解析で，従来ある変異体の利用はもちろんであるが，その他の新たな遺伝解析が展開されている．

その一つは，レトロトランスポゾンを利用したタギングである．イネの組織培養過程で見いだされたレトロトランスポゾンTOS17を用いた，タギングライブラリーが準備されている（図3・42）．このようにして単離された遺伝子としては，

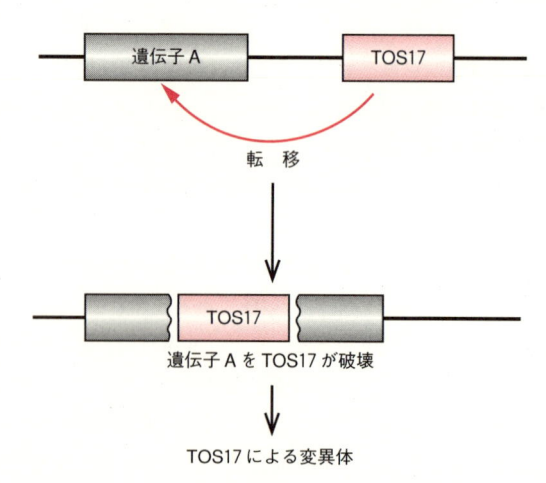

図3・42 トランスポゾン・タギングの原理．トランスポゾン（ここではTOS17）の転移によって破壊された遺伝子は，トランスポゾンに特異的なDNA配列を指標に探し出すことが容易である．タグ後の遺伝子単離の方法は，T-DNAタギングとまったく同様なので，詳細はシロイヌナズナに関するT-DNAタギングについての説明（§3・4・2）も参照されたい．

Drooping leaf (*DL*) がある．また，イネでもTiプラスミドを用いた，T-DNAタギングが盛んに行われるようになった．

また，**QTL**（quantitative trait loci）マッピングとは，量的形質を制御する遺伝子座の探索に用いられる方法である．農業的に有用な形質は，しばしば単一の遺伝形質ではなく，草丈，開花時期，収量などは，多くの同義遺伝子の作用の総合的結果として成立する形質である．このような遺伝子座の決定には，染色体上のどのあたりがどの程度注目する遺伝形質の発現に貢献したか統計的にマップするQTL法が取られている（図3・43）．もちろんこの手法は，シロイヌナズナでも採用されて

いるが，主要穀物であるコメの場合，栽培の見地からの草丈，開花，収量，施肥のタイミングなどのほか，実際の食味，穀物の成分組成，香り，色など種々の要因に絡み，従来からの遺伝学的蓄積もあり，特に重要である．

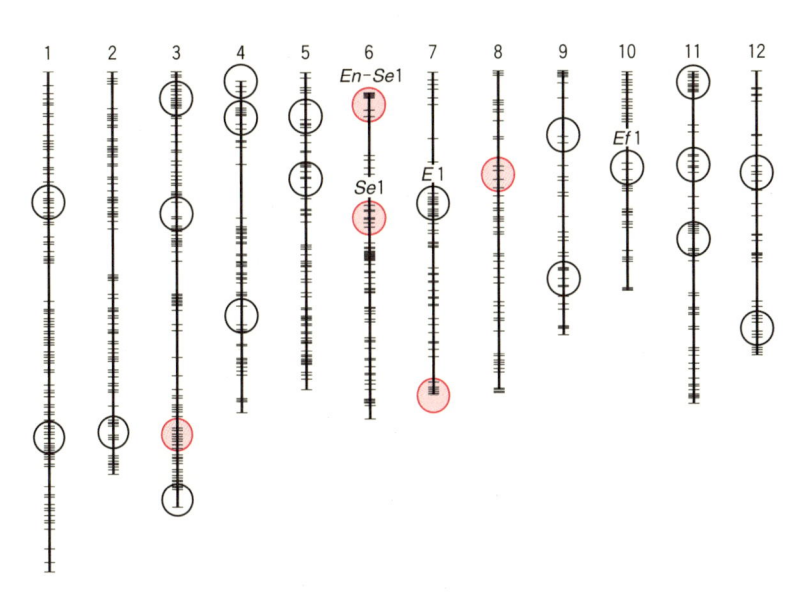

図3・43 QTLマッピングの実例．出穂期に関係する遺伝子座をイネ染色体上にQTLマップしたもの．円内に検出された出穂期関連QTLのおおまかな位置を示す．色付きの円は感光性の遺伝子座位，色なしの円はそれ以外の座位．〔矢野昌裕，吉村 淳，"新版 植物の形を決める分子機構"，岡田清孝，町田康則，松岡 信 編，p.185，秀潤社（2000）〕

3・4・5 ミヤコグサ，アルファルファゲノムプロジェクト[13]

シロイヌナズナ，イネ以外でゲノムプロジェクトが進行しているのは，マメ科植物のミヤコグサ（*Lotus japonicus* L.）とアルファルファの野生種（*Medicago truncatula* Gaertn.）である．これらの植物が選ばれたのは，マメ科植物が根粒菌との共生で行う空中窒素の固定はこれらの植物に独特であり，これら生物的に行う窒素固定は地球環境の長期的視野のもとにはきわめて重要であるからである．また，この理解は菌根形成にもつながる．これらの情報は，シロイヌナズナの遺伝子情報AGI2000では，カバーできないからである．そのなかでも，これらの2種の植物が選定されたのは，二倍体であり遺伝的組成が比較的単一であり，ゲノムサイズが比

較的小さいこと，自殖性であり遺伝子解析ができ，形質転換も可能であるなどの理由による．このうち *M. truncatula* (http://www.ncgr.org/research/mgi/) は，特に遺伝的にアルファルファのほか，エンドウ，ソラマメ，レンズマメ，クローバーなどと類縁があることによるが，いわゆる Indeterminate-type の代表である．その共生のパートナーの根粒菌 *Sinorhizobium meliloti* の全ゲノム配列も，最近決定された．一方，ミヤコグサ (http://est.kazusa.or.jp/en/plant/lotus/EST/index.html) は，いわゆる Determinate-type の根粒を形成し，ダイズなどを代表している．この植物も国際的にゲノムプロジェクトが進められている．ミヤコグサでは，従来岐阜県から単離された株が使用されたが，最近宮古島で単離されたミヤコジマ株は，RFLP などでも Gifu 株とかなり異なっており，遺伝子多型などの利用で便があることが示されている．また，ミヤコグサの共生のパートナーである，根粒菌 *Mesorhizobium loti* のゲノム情報についても研究が進められている．

3・5 人類の未来を支える植物工学
3・5・1 将来への展望

　世界人口は，2001 年で 61 億人に達し，2050 年には 93 億と推定されている．人口の増加は先進国ではむしろ減少の方向にあるが，発展途上国では増加は加速度的である．したがって，その人口増加を支える食糧の必要性があることはいうまでもないが，従来の品種改良ではとても対応できなくなっているのが現状である．冒頭にもふれたようにこれへの対応策として考えられるのは植物から見る限り植物工学のみであり，この活用と発展により，無限ではないが，対応することが可能であるというのが，これまで紹介してきたことの要約である．その展開の結果，従来利用できなかった砂漠や海浜の利用が試みられよう．また，経済コストが低く，かつ地球環境の保全も考慮に入れた栽培法の確立なども考えられる．

　ところで，現状として植物工学あるいは植物バイオテクノロジーが実際にどのように役立っているかを概括することは有用であり，必要であろう．たとえば，我々が通常食するバナナは，ほとんどが熱帯あるいは亜熱帯のプランテーションで大規模に栽培されている．通常の種子のないバナナは，繁殖を栄養繁殖に頼っているので，たとえばネマトーダ（線虫）病に慢性的に悩まされてきた．ところが，これは組織培養によりネマトーダが除去された苗が利用できるようになり，生産は飛躍的に向上し，かつバナナの出荷時期に合わせて健全な材料の供給をはかることができるようになっている．また，体細胞から胚発生様の過程で植物体が再生できるよう

になり，この傾向はいっそう加速されている．同様なことは，やはり大規模プランテーションで栽培され，広範な油脂原料となるココヤシでも見られ，ウイロイド耐性植物の育成や，生産体制の改良により，流通機構のニーズに合わせて生産を制御することも可能になっている．

それがより先鋭・特殊化しているのは花卉(かき)生産である．たとえば，オランダのアムステルダム国際空港（スキポール）近郊では，チューリップは輸出に配慮された生産施設をもつ．イスラエルでも同様であり，扱われる材料は，バラ，カーネーション，キク，ユリなどである．さらに，これは発展途上国にも続々と広がっている．特に，タイではデンドロビウムを中心としたラン科植物の生産が盛んで，もっぱら輸出用に行われており，その輸出先はアメリカや日本である．ケニアでもイギリス資本で展開されつつあるが，後発の場合，競争が激しいことと，先進国よりの資本と技術の移転という問題を抱えている．

このような状況のなかで，モデル植物のゲノム配列は決まっても，実際には生物資源を保持し，多様性を維持する必要がある．個別の耐病性などは，しばしば野生植物にあるからである．ところが，環境の変化や単一の作物への集中傾向などで，野生種の多くが失われつつあり，絶滅に瀕している．このような状況では，遺伝子資源の保持，多様性への配慮を自然状態でもする必要があると同時に *in vitro* の手法を活用して，保存する必要がある．すなわち，遺伝子資源の保持のためにも植物工学が活用されている[17]．一方では，熱帯圏の国々で野生植物も資源であるという主張もこの表れであり，資源は容易に国外に出さないという態度も表れてくる．

3・5・2 植物工学への課題

人類の将来に希望を与えてくれる植物工学には，一つ重要な課題がある．植物工学のうち上にあげたような *in vitro* での組織・器官の培養による繁殖ではまったく問題にならないが，遺伝子の自由な組合わせを可能にしたことは，一方では自然界になかった生物を誕生させたことになる．また，その手段は通常とは異なった方法での遺伝子の授受を行うことになる．これらは，**遺伝子組換え生物**（genetically modified organisms, GMO）であり，栽培されるためには一定の手続きが必要であり，それは科学的手続きを経て遂行され，かつ社会的手続きも必要である．後者は，いわゆる**社会的受容**（public acceptance, PA）であり，幅広く社会に知らしめ，かつ社会的理解を得る必要がある．科学的立場からは，まず，その開発の企画の段階から，実験計画もチェックされ，野外実験あるいは圃場試験も個別に検討され，病

原性はないか，生態系の破壊ないし改変をもたらすようなものでないかの検討がされる．また，食品の場合は，組換えた結果の産物であるタンパク質が毒性はないかなどの検討がされている．

これまでこのような手続きでも安全性は確かめられているが，実験的にBtトキシンを発現させたトウモロコシより飛散した花粉の付いたトウワタを食べたオオカバマダラへの影響が報告されている．一方では，このような実験条件は起こりにくいという見方もあるものの十分に生態系を考慮する必要のあることを警告している．一方，農業生産のコスト・安全性の両面から遺伝子組換え植物の利点も指摘されている．

GMOチェックの手法も開発され，PCR法による検出は日常化している．しかし，GMO作物からつくられたオイルの場合は検出不可能である．

このような背景から，PAについては（財）バイオインダストリー協会（JBA）や，農林水産省，厚生労働省は広報活動をしており，それらの情報は次のホームページで見ることができる（JBAは，http://www.jba.or.jp/，農林水産省は，http://www.s.affrc.go.jp/docs/anzenka/basic.htm）．

ところで，冒頭にふれたオールドバイオテクノロジーによるところの**緑色革命**（Green revolution）は，食糧の増産という福音をもたらし，ある時期食糧の輸入国が輸出国に替わった例もみられた．ところが，目的達成のためには多肥多収が必要で，資本の投資が必要であることも事実である．このため，富めるものはより富み，貧しいものはより貧しくという，貧富の格差をつけたという反省もある．したがって，緑色革命にも現在さらに投資の重荷なしに収穫が得られるようにという要請もある．これは，またGMOであるかないかにかかわらず，植物工学の多くは北方の先進国において開発され，実用化は南方の発展途上国で行われるという構図があることも事実である．これらの手法を本当に必要としているのは南方の国々であり，しばしば技術移転などの広義の南北問題が存在する．このような状況にあって，国際連合やユネスコ（UNESCO）などの国際機関は調整に努めているが，複雑な要因が絡んでいるので解決には時間を要するというのが現状である．

このような流れの中で，今やターミネーター（Terminator）事件とよんでよいような事態も発生した．従来から，除草剤を生産する化学メーカーは，それに対応する抵抗性品種を生産し，両者を組合わせて購入させるという方式を取ってきた．このため，種子の生産を栽培農家はみずからは行わないという契約を行っており，しばしばその違反とそれに対する訴訟が問題となっていた．その極致にあるのが，

ターミネーター種子である.この場合,種子は特別な処理をしないと発芽しないようになっており,農薬も種子もすべて生産メーカーの特許として保護されていることである.しかも,この技術は米国農務省 USDA と Delta & Pine Land 会社の共同で開発したもので,Monsanto 社はこれを会社ごと 1000 億ドルで買収したという経緯がある.これに対して,世界中の草の根組織と主として EU 諸国が反発して,結局 Monsanto 社はこの方式をあきらめることになったが,このような事態はいつどこで起こってもおかしくない状況である[18].

最後に,本章では,植物工学の現況と将来の展望を概括してきたが,人類の将来に関しては,きわめて重要な,不可避の手法であることを指摘してこの章を閉じたい.

参 考 文 献

1) 長田敏行,"植物プロトプラストの細胞工学",講談社サイエンティフィク (1996).
2) "Molecular Biology of Plant Tumors", ed.by J. Schell, G. Kahl, Academic Press, New York, London (1986).
3) S. Gelvin, *Annu. Rev. Plant Physiol. Plant Mol. Biol.*, **51**, 223 (2000).
4) "植物細胞組織培養",原田 宏,駒嶺 穆編,理工学社 (1979).
5) T. Nagata *et al.*, *Int. Rev. Cytol.*, **132**, 1 (1992).
6) 加古舜治,"園芸植物の器官と組織培養",誠文堂新光社 (1985).
7) "Somatic Hybridization in Crop Improvement II, Biotechnology in Agriculture and Forestry", ed. by T. Nagata, Y.P.S. Bajaj, Vol.49, Spinger-Verlag, Berlin, Heidelberg (2001).
8) 西田生郎,'ストレス耐性植物の原理と応用',"植物工学の基礎(応用生命科学シリーズ 4)",長田敏行編,p.108,東京化学同人 (2002).
9) H. Mohr, P. Schopfer, "Plant Physiology", Springer-Verlag〔邦訳:網野真一,駒嶺穆監訳,"植物生理学",シュプリンガー・フェアラーク東京 (1997)〕.
10) 渡辺雄一郎,'耐病性および耐虫性植物の原理と応用',"植物工学の基礎(応用生命科学シリーズ 4)",長田敏行編,p.60,東京化学同人 (2002).
11) 塚谷裕一,'モデル植物としてのシロイヌナズナ',"植物工学の基礎(応用生命科学シリーズ 4)",長田敏行編,p.152,東京化学同人 (2002).
12) The Arabidopsis Genome Initiative, *Nature* (London), **408**, 796 (2000).
13) "Brassicas and Legumes: from Genome Structure to Breeding. Biotechnology in Agriculture and Forestry", ed. by T. Nagata, S. Tabata, Vol. 52, Springer-Verlag, Berlin, Heidelberg (2003).
14) "DNA Microarrays: Gene Expression and Applications", ed. by B. Jordan, Springer-Verlag, Berlin, Heidelberg (2001).
15) "Proteome Research: Mass Spectroscopy", ed. by P. James, Springer-Verlag, Berlin, Heidelberg (2001).
16) "Rice Biology in the Genomics Era, Biotechnology in Agriculture and Forestry", ed.

by H. Hirano *et al.*, Vol.62, Springer-Verlag, Berlin, Heidelberg, New York (2008).
17) A. Sasson, "Plant Biotechnology-Derived Products: Market-Value Estimates and Public Acceptance", Kluwer Acad. Pub., Dordrecht (1998).
18) 長田敏行, '植物工学の未来像', "植物工学の基礎 (応用生命科学シリーズ 4)", 長田敏行編, p.191, 東京化学同人 (2002).

4

動 物 工 学

4・1 動物細胞の特性

　有史以前から，不老長寿は少なくとも一部の人たちにとっては何とかして手に入れたい夢の一つであったと思われる．人類の歴史の中でその目的のために深山幽谷に出現するという秘薬を含む草木や，動物を求めてどれだけの人命が失われたことだろう．数えきれないほど多くの人が参加した，いわば人体実験を繰返すことによって，種々の薬効をもつ素材や食材が選ばれ，現在の生薬や食糧として消費される動・植物すなわち家畜や作物になったのである．それで，不老長寿は実現しただろうか．個体の不老長寿を，動物の細胞に由来する個体の再生，増幅，組織・器官の一部入替え（臓器移植に相当？）について植物と比較してみよう．

　前章で述べたように，人類が植物を生薬，食糧資源としての農作物，観賞用の草木として利用し改良する過程で植物が示す有用な特性の一つは，**栄養生殖能**であった．多くの植物は，種子から新たな個体を生じるのみでなく，挿し木，挿し芽，取り木，根分けなどのように個体の一部を用いて同一個体をつぎつぎにふやすことができる．この性質は，枝とか芽のように多くの細胞からなる組織に限らない．個体の最小構成単位である1個の細胞からでも，元となった個体と同じ遺伝形質を保持する植物体すなわち"クローン"を形成しうることが明らかになった．この性質は植物細胞の示す**"全能性"**として知られ，同一個体の増幅ばかりでなく，新たな変異体を調製する手段としても利用されるようになった．

　もう一つ植物でよく用いられる手法として，接ぎ木という技術もある．たとえば，土壌中の病害虫に抵抗性を示すが果実はあまり優良でない株の根に，優れた果実を

つけるが病害虫に弱い株の茎を継いで，病害虫に強く優良な果実をつける株をつくるのである．これなどは，動物でいえばコリーの下半身にブルドックの頭をつけたようなもので，とても実現しそうにない．つまり，植物には，同一あるいは近縁種間では動物に見られる拒絶反応のようなものはないのである．

このような例を見ても，動物と植物ではだいぶ細胞のもつ特性に相違がありそうである．以下に，実験動物を中心とした高等動物細胞の特性について述べよう．

4・1・1 動物細胞の調製

動物個体を構成する細胞は，多くが分化し，所属する組織，臓器，器官に特有な機能を発現している．これらの細胞を個体から分離・調製し，試験管内で培養したものを**初代培養細胞**（primary culture）という．初代培養細胞は，由来する組織，臓器などで発現していた機能を保持しているために，それら機能発現機構の解析や，特定の分化した細胞に対する生理活性物質の効果検討の対象細胞として有用であ

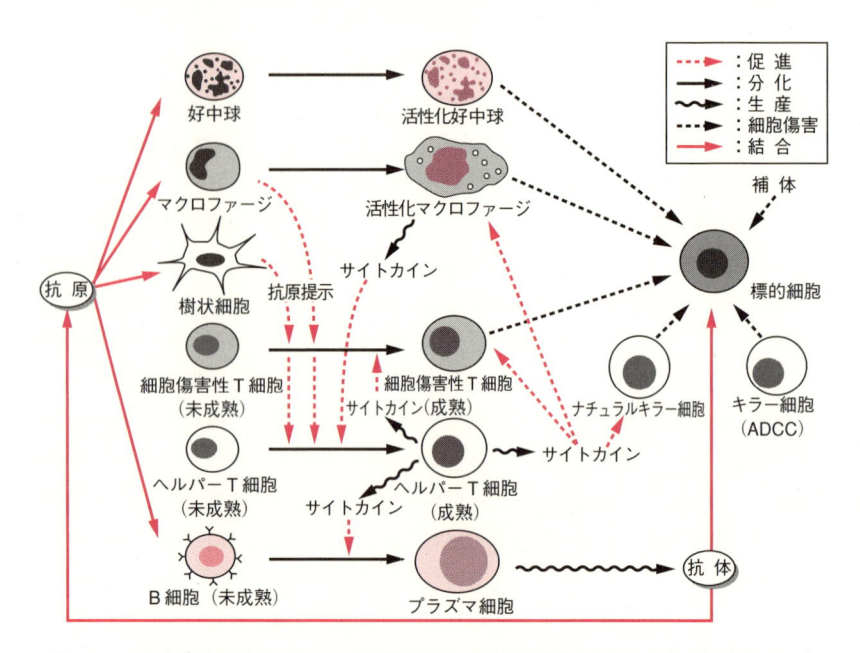

図 4・1　**免疫担当細胞とそれらの相互作用による機能発現**．代表的な免疫担当細胞と各細胞間の接触，可溶性因子（サイトカイン）を介した情報伝達，細胞分化ならびに機能発現の様子を示す．実際には，ここに示されていない免疫担当細胞ならびにサイトカイン群も複雑に関与しつつ，ネットワークを形成し免疫機能を発現している．

る．しかし，初代培養細胞は培養期間の長期化とともに生育を止めてしまったり，当初の性質を失ってしまうことがたびたび観察される．その原因の一つとして，分化した細胞がその性質を維持するために必要なホルモン，サイトカイン*などの生理活性物質が，用いた培養条件では不十分であったり欠けていたりすることがある．そのような例では，要求される微量成分が明らかにされると，その添加により本来の形質が保持されるようになる．また，分化した性質を示す細胞は分裂能を欠いていたり，限られた回数しか分裂できなかったりするので，長期間の取扱いが困難であることも多い．

a. 免疫系細胞の調製

生体防御機構に関与する免疫担当細胞は，大きくリンパ球系と骨髄細胞系の二つに分けられるが，これらはさらに多様な細胞群から構成されている．また，各細胞群はそれぞれ固有の機能を有するとともに，可溶性因子を介したり，異なる細胞同士が直接接触することにより情報を交換し，分化，成

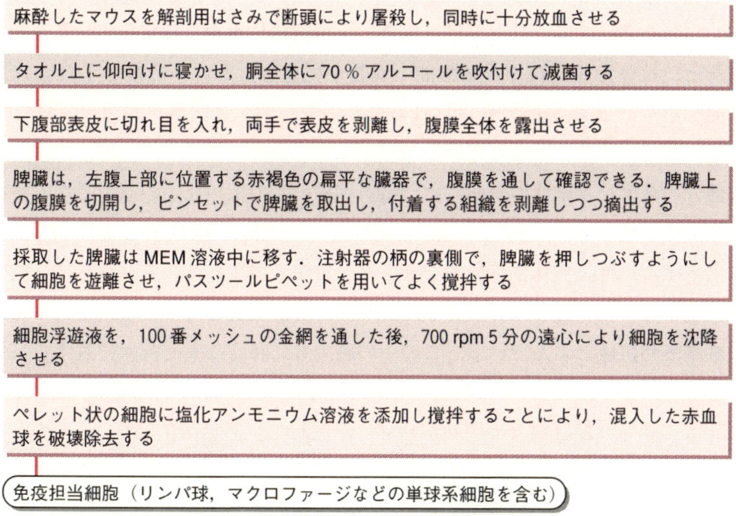

```
┌─────────────────────────────────────────────────────────────┐
│ 麻酔したマウスを解剖用はさみで断頭により屠殺し，同時に十分放血させる │
└─────────────────────────────────────────────────────────────┘
                              │
┌─────────────────────────────────────────────────────────────┐
│ タオル上に仰向けに寝かせ，胴全体に70%アルコールを吹付けて滅菌する     │
└─────────────────────────────────────────────────────────────┘
                              │
┌─────────────────────────────────────────────────────────────┐
│ 下腹部表皮に切れ目を入れ，両手で表皮を剥離し，腹膜全体を露出させる     │
└─────────────────────────────────────────────────────────────┘
                              │
┌─────────────────────────────────────────────────────────────┐
│ 脾臓は，左腹上部に位置する赤褐色の扁平な臓器で，腹膜を通して確認できる． │
│ 脾臓上の腹膜を切開し，ピンセットで脾臓を取出し，付着する組織を剥離しつつ摘出する │
└─────────────────────────────────────────────────────────────┘
                              │
┌─────────────────────────────────────────────────────────────┐
│ 採取した脾臓はMEM溶液中に移す．注射器の柄の裏側で，脾臓を押しつぶすように │
│ して細胞を遊離させ，パスツールピペットを用いてよく攪拌する            │
└─────────────────────────────────────────────────────────────┘
                              │
┌─────────────────────────────────────────────────────────────┐
│ 細胞浮遊液を，100番メッシュの金網を通した後，700 rpm 5分の遠心により細胞を沈降 │
│ させる                                                          │
└─────────────────────────────────────────────────────────────┘
                              │
┌─────────────────────────────────────────────────────────────┐
│ ペレット状の細胞に塩化アンモニウム溶液を添加し攪拌することにより，混入した赤血 │
│ 球を破壊除去する                                                 │
└─────────────────────────────────────────────────────────────┘
                              │
┌─────────────────────────────────────────────────────────────┐
│ 免疫担当細胞（リンパ球，マクロファージなどの単球系細胞を含む）         │
└─────────────────────────────────────────────────────────────┘
```

図 4・2 マウス脾臓からの免疫担当細胞調製の手順

---

* サイトカイン：血液系細胞，繊維芽細胞，上皮系細胞，神経細胞など種々の細胞が生産するタンパク質性の細胞間情報伝達機能をもつ物質の総称．標的細胞に発現された受容体に結合することにより，細胞増殖，分化などの生理活性を発揮する．異なるサイトカインが同一の細胞に作用し細胞間ネットワークを形成したり，同一のサイトカインが細胞により異なる生理活性をもたらすこともある．

熟を伴って特定の機能を発現するようになる（図4・1）．したがって，個々の細胞が示す機能を解析したり利用しようとするときには，各細胞群の分離がきわめて重要な出発点となる．

免疫系細胞あるいはその前駆細胞が集積している組織は，リンパ節，胸腺，脾臓，骨髄などであり，マウスのような実験動物を対象とする場合はこれらの組織・臓器から調製するが，ヒトの場合は末梢血から調製する．以下にマウス脾臓を用いた際の手順を示す（図4・2）．

マウス脾臓はピーナツ形をした袋状の臓器で，取出した臓器を押しつぶすように圧搾すると細胞懸濁液が得られる．この懸濁液には，主としてリンパ球が含まれるが，マクロファージ，樹状細胞などの単球系細胞，赤血球も混在する．この懸濁液を塩化アンモニウム溶液で処理することにより赤血球を選択的に破壊除去することが可能であり，処理後の細胞群を用いると，生体内で見られる多数の細胞が関与する免疫反応の一部を試験管内で再現することができる（§4・2・1a）．この懸濁液から培養平板に付着する性質を利用してマクロファージ，単球などを除くことによりリンパ球を濃縮する．リンパ球はまた，免疫調節作用や，細胞傷害活性を示すT細胞群と，抗体産生や抗原提示機能（異物が侵入したという情報をT細胞に伝える機能）をもつB細胞群に分けられる．B細胞がナイロンウールカラムに付着する性質を利用することによりT細胞を濃縮することができる．

大部分の高等動物細胞の表面には，臓器移植の際の拒絶反応の原因となる**主要組織適合遺伝子複合体**（major histocompatibility complex: **MHC**）とよばれる遺伝子群に由来する，種・個体に特徴的なタンパク質が表現されている．さらに，同一個体の細胞でも各細胞群には群に特定のタンパク質が表現されており，これらを総称して**細胞表面抗原**とよんでいる．この中の細胞群に特有な表面抗原に対する抗体を用いることにより，目的とする細胞群のみを分離調製することも可能になっている．たとえば，リンパ球は個々の細胞が独立に浮遊した状態で存在しているから，T細胞に特有なCD4やThy1分子，B細胞に特有なB220などの表面分子に対する抗体を結合した磁気ビーズで懸濁液を処理し，磁石を用いてビーズを回収することによりその抗体と特異的に反応する細胞群すなわちT細胞あるいはB細胞のみを得ることができる．また，蛍光標識した抗体と細胞とを反応させたのちに，蛍光を指標として細胞を分取することができる機器，**セルソーター**（図4・3）により特定の細胞群のみを調製することも可能である．

単球系の細胞は，上述のように脾臓細胞からプラスチック平板に付着性を示す細

胞として分離することができるが，マクロファージは通常腹腔から調製されることが多い．特に，腹腔内に炎症性の物質を投与して誘導することによりマクロファージ，好中球などの単球系細胞を多量に回収することができる．

b. 肝臓を構成する細胞の調製　多くの組織，臓器を構成している細胞は互いに隣接する細胞と接触したり，細胞により分泌されたタンパク質を主成分とする**細胞外マトリックス**（extracellular matrix：ECM）に付着して生育し，特定の機能を発現している足場依存性の細胞である．これらの細胞を調製するためには，まず各細胞を細胞間接着から開放する必要がある．そのためには，トリプシン，ディスパー

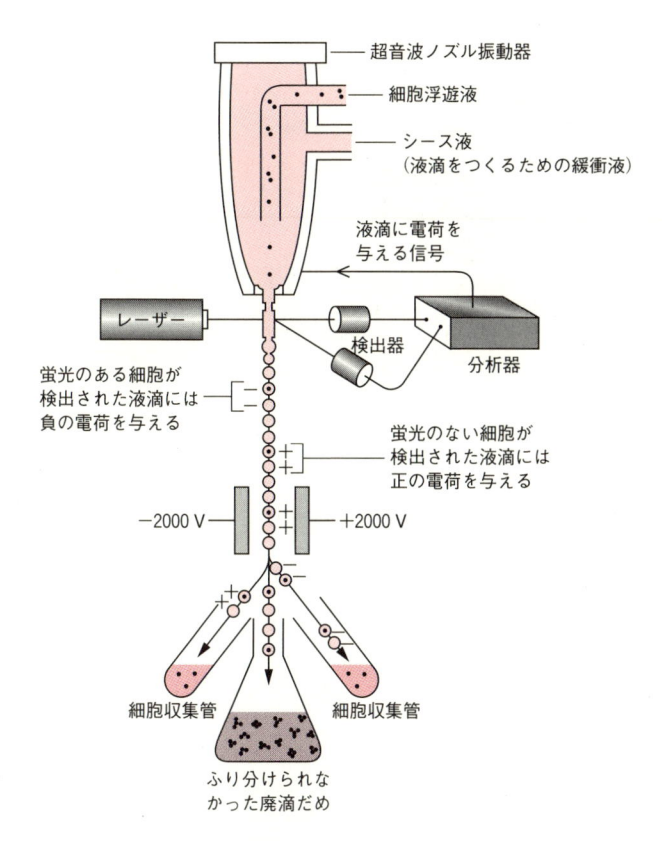

図 4・3　**セルソーターの模式図**．ノズルから液滴を噴出し，その中に細胞を含むもののみをレーザー光により検出する．蛍光色素で標識した細胞表層分子に特異的な抗体を結合しておくと，特定の表層分子を発現している細胞のみを分取することができる．

ゼ，コラゲナーゼなどのタンパク質分解酵素やEDTA（エチレンジアミン四酢酸）などのカルシウムキレート剤を用いる．足場依存性細胞の例として肝実質細胞の調製について述べる．

　肝臓は大きく分けて，肝実質細胞と非実質細胞の2種から構成されており，非実質細胞はさらに内皮細胞，クッパー細胞，伊東細胞，星細胞などに分けられる．この中で実質細胞は，肝臓のもつ血漿タンパク質の合成・分泌，糖新生，グリコーゲ

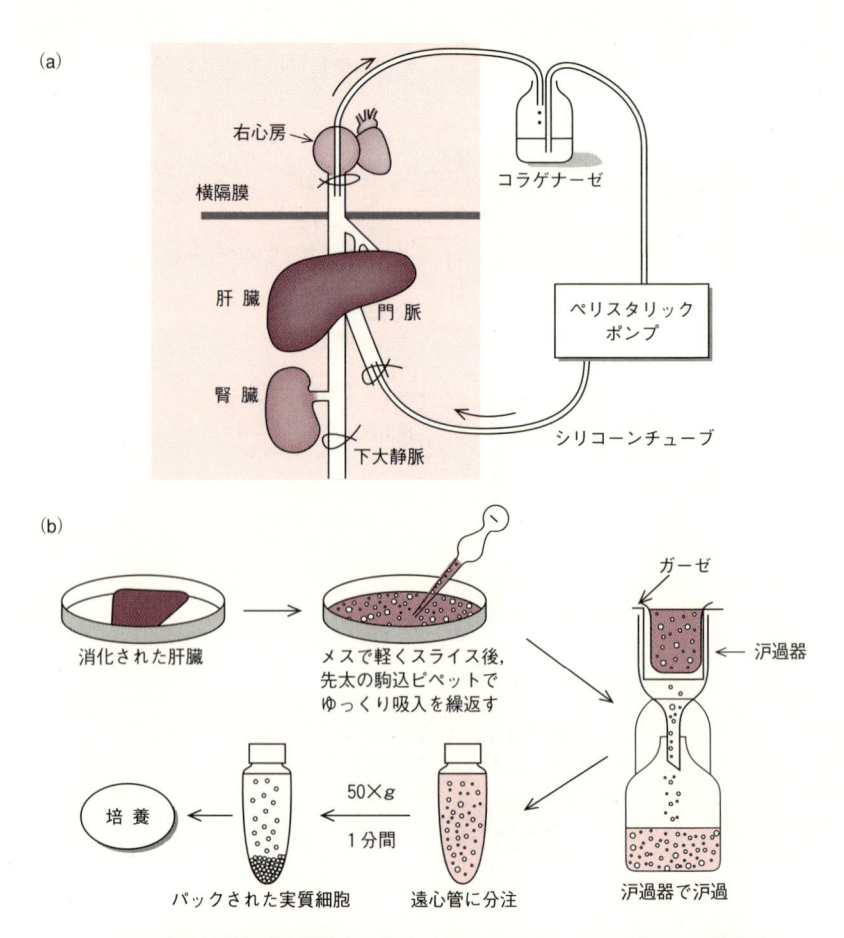

図 4・4　初代培養用肝実質細胞の調製．(a) *in situ* コラゲナーゼ灌流法の模式図．(b) 肝実質細胞分離法の概略．〔小平輝明，中村敏一，"細胞工学的技術総集編（バイオテクノロジー実験法シリーズ）"，実験医学増刊，Vol.7, No.13, p.1489, 1490, 羊土社（1989）．〕

ン代謝を介した血糖値の調節，脂質合成，胆汁合成，解毒作用など多彩な機能を発現しており，非実質細胞に比べて大型の細胞である．

　麻酔して固定したラットを開腹し，露出させた門脈からカニューレを入れ，右心房から下大静脈にもう一つのカニューレを入れることによりコラゲナーゼ溶液を灌流する．灌流液は門脈から肝臓に流れ下大静脈に戻り灌流し回収される．灌流の間に，肝組織の細胞間マトリックスがコラゲナーゼにより消化され，細胞は半解離状態になる．この肝臓をはさみで切断しピペッティングにより細胞を分散させたのち，ガーゼで沪過すると解離した肝細胞浮遊液が得られる．この細胞浮遊液を軽く遠心すると，肝実質細胞は大きいので沈殿部分に回収され，上清に含まれる非実質細胞と分離することができる（図4・4）．

4・1・2　動物細胞の培養

　組織から分離調製した細胞を用いて生理機能を解析したり，生理活性物質の作用を検討したりする際には，得られた細胞が発現している生理機能の変動が最小限になるような培養条件を設定しなければならない．動物細胞は一般に栄養要求性が著

表 4・1　動物細胞培養用の培地の例〔Eagle の最少基本培地の組成（1 l 中）〕

塩化ナトリウム	6800 mg	L-バリン	46 mg
塩化カリウム	400 mg	L-コハク酸	75 mg
リン酸二水素ナトリウム（無水）	115 mg	コハク酸ナトリウム（六水塩）	100 mg
硫酸マグネシウム（無水）	93.5 mg	重酒石酸コリン	1.8 mg
塩化カルシウム（無水）	200 mg	葉酸	1 mg
グルコース	1000 mg	i-イノシトール	2 mg
L-アルギニン塩酸塩	126 mg	ニコチン酸アミド	1 mg
L-システイン塩酸塩（一水塩）	31.4 mg	パントテン酸カルシウム	1 mg
L-チロシン	36 mg	塩酸ピリドキサール	1 mg
L-ヒスチジン塩酸塩（一水塩）	42 mg	リボフラビン	0.1 mg
L-イソロイシン	52 mg	塩酸チアミン	1 mg
L-ロイシン	52 mg	ビオチン	0.02 mg
L-リシン塩酸塩	73 mg	カナマイシン	60 mg
L-メチオニン	15 mg	フェノールレッド	6 mg
L-フェニルアラニン	32 mg	L-グルタミン	292 mg
L-トレオニン	48 mg	炭酸水素ナトリウム	1.5〜2.0 g
L-トリプトファン	10 mg		

　この溶液中に5〜10％の血清を添加することにより，多くの動物細胞が培養可能となる．なお，カナマイシンは混入した細菌の生育を阻止するため，フェノールレッドは培地のpHの変化を確認するため，炭酸水素ナトリウムはpHの変動を緩和する目的で添加する．

しく複雑であり，初期には動物組織の抽出液などが用いられたが，現在では H. Eagle がマウスおよびヒトの細胞株を対象として 1959 年に開発したアミノ酸，ビタミン，糖質，脂質，無機塩類などを基盤とする最少必須培地（Eagle's minimum essential medium: MEM）（表 4・1）や，これを改変した培地（たとえば R. Dulbecco の改変培地 Dulbecco's modified Eagle's MEM: DME）などを基本とし，これに 10% 前後の血清を添加したものが多く用いられている．

血清には，栄養成分の供給，栄養成分の利用促進，細胞増殖因子の供給，培地成分の解毒，物理的および物理化学的培養環境の整備，タンパク質分解酵素の阻害などの効果があることが指摘されている．目的とする細胞の種類により，血清はヒト，ウマ，ウシ，仔ウシ，新生仔ウシ，ウシ胎仔に由来するものを適宜使用するが，ウシ胎仔由来のものは種々の細胞の培養において最も優れた効果を示すことが認められている．しかしながら血清には，

① 動物に由来するため製造のロットによりばらつきがあることがあるので，あらかじめ適性試験が必要である．
② アルブミンなど多量のタンパク質や数多くの未知成分を含むことから，工業的に細胞を培養することにより生産される酵素，ホルモン，サイトカイン，抗体などの生理活性物質の分離精製が困難となることもある．
③ 非常に高価である．

などの欠点がある．G. Sato らは血清の主要な役割はホルモンや増殖因子の供給にあると考え，ヒトやラット由来の細胞を用いて検討を始め，インスリン，トランスフェリン，ヒドロコルチゾン，上皮増殖因子（epidermal growth factor: EGF）を添加すると多くの細胞が生育することを明らかにした．このように化学的に性状の明らかな成分を添加することにより細胞の培養を可能にした培地を**無血清培地**とよぶ．最近では，表 4・2 に示された細胞成長因子をはじめとする数多くの活性成分が得られており，それらを添加した無血清培地が各種市販されている．しかし，細胞の種類により要求する因子に特徴があり，また，増殖はするが本来の機能が失われてしまうことも少なくないので，目的により慎重に選択する必要がある．

動物組織などから得られた細胞は，上記の培地に懸濁し，プラスチック平板などに播種するが，足場依存性の細胞の場合はプラスチック表面をポリリシン，コラーゲンなどでコートしたものでないと正常な増殖は見られないことが多い．現在市販されている組織培養用のプラスチック平板はそれぞれメーカーにより独自のコーティ

ングがなされており，細胞の種類によっては選択が必要になる場合もある．

動物細胞の培養は少量の場合はプラスチック平板，プラスチック容器などを用いて通常，5％CO_2，95％空気，37℃のインキュベーター中で行う．より大量の細

表 4・2 主要な細胞成長因子

作　用	成 長 因 子	標的細胞
増殖・分化の促進	ホルモン類 　　インスリン 　　グルココルチコイド 　　プロスタグランジン 　　デキサメタゾン 　　エストロゲン サイトカイン類 　　インターロイキン 1～23 　　幹細胞増殖因子（SCF） 　　エリスロポエチン（EPO） 　　インターフェロン（IFN） α，β，γ 　　腫瘍壊死因子（TNF） 　　コロニー刺激因子（CSF）	繊維芽細胞由来細胞 免疫担当細胞 血液幹細胞 赤血球幹細胞 リンパ球系細胞 リンパ球系細胞
栄養成分の細胞への輸送	担体類 　　トランスフェリン 　　ラクトフェリン 　　リポタンパク質 　　アルブミン	 広範囲の細胞 リンパ球由来細胞 角膜・血管内皮細胞 広範囲の細胞
増 殖 促 進	増殖因子 　　肝細胞増殖因子（HGF） 　　血小板由来増殖因子（PDGF） 　　上皮増殖因子（EGF） 　　繊維芽細胞増殖因子（FGF） 　　神経成長因子（NGF） 　　インスリン様増殖因子（IGF）	 肝細胞 中胚葉由来細胞 上皮細胞など 繊維芽細胞一般 神経細胞 リンパ球系細胞
接着および伸展促進	接着因子 　　フィブロネクチン 　　ラミニン 　　ビトロネクチン	 接着細胞

このほか，特に無血清培地において環境の安定化に寄与する酸化防止，細胞膜保護，細胞の機能維持，発現，解毒作用を示すような化合物，酵素などが用いられる．

胞は§1・4・2で示した自動制御装置の完備した方法で培養する．

a. 細胞のクローン化 上のような方法で動物組織から得られた細胞は，多量の細胞を播種した際には培地中に含まれた栄養成分や，血清や増殖因子の存在で増殖するが，少数の細胞を分散させて播種すると増殖できないことが多い．そのようなときは，類似の細胞やマウス胎仔から調製した繊維芽細胞のような増殖力の強い細胞をマイトマイシン処理や放射線照射して増殖能を失わせたものを下層に敷き，その上に目的とする細胞を播種するとそれぞれ分裂増殖を繰返し**集落**（コロニー，colony）を形成する．一つの集落を形成している細胞はもともと一つの細胞に由来するわけで，このような細胞を**クローン**（遺伝的に同一の細胞群）という．このとき用いた下層の細胞は**フィーダー細胞**（feeder cell，支持細胞）といい，この細胞が分泌する増殖因子などの生理活性因子が少量の試料細胞の増殖を助けるためであると考えられている．なぜならば，同様な効果がフィーダー細胞の培養上清にも見られることがあるからであり，そのような成分を含む培養液を**コンディションド・メディウム**（conditioned medium）とよぶ．細胞密度が高いときには互いに分泌する因子により増殖に十分な量が供給されるのであろう．少数の細胞でも毛細管中などで高密度環境下に置くと増殖するのも同じ機構によると考えられる．

このようにして動物個体の種々の組織，臓器などから調製したクローン細胞は平板培養液中に分散播種すると分裂を繰返し単層に広がるが，やがて他の細胞や器壁と接触するとそこで増殖を止めてしまい，互いに重なり合うことはない．この現象を**接触阻害**（contact inhibition）といい，正常な細胞が示す特徴の一つである．また，初代培養細胞は上述のように培養条件を整えても通常，限られた回数分裂増殖を繰返し，やがて分裂を停止するとともに死滅してしまう．ヒト胎児体細胞は50〜70回で分裂を停止するといわれ，若い個体から調製した細胞は高齢の個体から調製した細胞よりもより分裂可能な回数が多く，まるで細胞が自身の寿命をわきまえているかのような様相を示す．この現象を報告した研究者の名から，Heyfrick の限界とよぶこともある．

正常細胞に寿命があるように見える理由の一つとして，染色体の構造と複製に伴う変化があげられている．すなわち，真核生物の染色体は直鎖状で両末端には一定の塩基配列の繰返し構造部分があり，**テロメア**とよばれる．DNA合成は常に$5' \rightarrow 3'$の一方向にしか進行せず，複製の開始にはRNAプライマー合成が必須であることから，一方の鎖は染色体複製のたびにプライマーの分だけ短縮することになる．したがって，ある回数分裂（染色体複製）が繰返されるとテロメア部分が限界以下

の長さに短縮してしまい，以降の分裂が停止すると考えられる．高齢個体から調製した細胞は，分離以前にすでに細胞分裂を繰返している分だけ，若い個体からの細胞に比べて分裂可能回数が少ないのであろう．

なお，生殖細胞やがん細胞では，短縮したテロメア部分をもとの長さに回復させる酵素であるテロメラーゼの活性が認められることから，無限増殖能を獲得していると考えられている．特に，悪性度（増殖速度）が高いがん細胞ほどテロメラーゼ活性が高い傾向があることは，互いの関連性を強く示唆するものである．

さて，上のようにして分離した細胞のなかには，ある種のリンパ球のように適当な抗原刺激と増殖因子の添加により長期間分裂増殖能と特定の機能を維持して細胞株として成立するものもある．またその他の細胞でも繰返し培養していると，想定される限界分裂回数をはるかに超えてもさらに増殖する能力を獲得した細胞が得られることがある．このような細胞を**不死化細胞**（immortalized cell）とよぶが，突然変異により無限増殖能を獲得したものである．しかし，不死化細胞は正常細胞が示す特徴の一つである接触阻害を受けるので，生体に移植しても腫瘍を生じることはない（図4・5）．すなわち，細胞が何かに接触したという情報が細胞表層から細

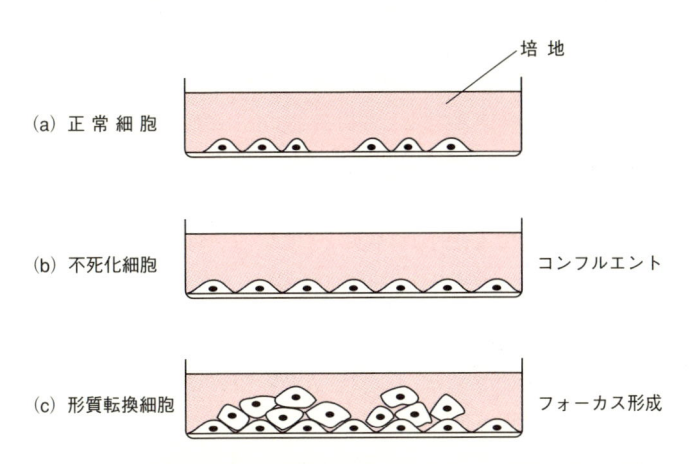

図4・5 **正常細胞，不死化細胞，形質転換（がん化）細胞の増殖と接触阻害**．(a) 正常細胞は何回か分裂するとそれ以上分裂しなくなることがある．(b) 不死化により無限増殖が可能になるが，単層に広がり容器の全面を覆う（この状態をコンフルエント confluent という）と接触阻害により増殖を停止する．(c) 形質転換（トランスフォーム）した細胞は接触阻害を受けずコンフルエントになった後も互いに重なり合って増殖する（フォーカス形成）．

胞内に伝わって，染色体の複製を含む細胞増殖を止めるという調節機能が働いているのである．

不死化細胞のなかには，さらに培養を続けると接触阻害を受けずに互いに重なり合って増殖する（これを**フォーカス** focus とよぶ）細胞が出現することがあり，このような細胞を生体に移植すると腫瘍を形成する．この現象を**形質転換**（transform，トランスフォーム，がん化，腫瘍転換）というが，細胞増殖にかかわる遺伝子（がん遺伝子など）に突然変異が生じたことが原因であることが多い．同様な現象は，ある種のウイルスの感染によっても認められることがある．SV40のようなDNAウイルスの場合は，染色体DNA中に挿入された状態でウイルス遺伝子産物が自身のDNAを複製することにより染色体の複製が進行し，細胞も増殖することになる．また，RNA腫瘍ウイルスでは細胞に感染後逆転写酵素によりDNAにコピーされ，そのDNAが染色体に組込まれる．このDNAがたまたまがん抑制遺伝子（細胞増殖を抑制する遺伝子）の中に挿入されてその機能を破壊したり，がん遺伝子（細胞増殖を指示する遺伝子）の隣に組込まれてその発現を促進したりすると，細胞はがん化し無限増殖するばかりでなく接触阻害も受けなくなるのである．このような細胞を適当な（拒絶反応を起こさない）動物個体に接種すると腫瘍を形成する．

b．細胞株　上述のような方法により，各種動物の正常組織あるいはがん組織から得られた細胞が，細胞株として樹立された．これらは，基礎的な研究の材料として細胞増殖，機能発現調節機構などの解析に供されるとともに，酵素，ホルモン，サイトカイン，抗体などの生理活性成分の生産における宿主細胞としても利用されている．表4・3に代表的な細胞株とその性質を例示する．これら細胞株は公的な細胞バンクから入手することが可能であり，インターネットでの検索により，細胞株の由来，性質，所在などを知ることができる．たとえば，

① 理化学研究所筑波研究所バイオリソースセンター　ホームページ：
　http://www.brc.riken.jp/
② 厚生労働省細胞バンク/ヒューマンサイエンス研究資源バンク
　ホームページ：http://cellbank.nihs.go.jp/
③ American Type Culture Collection (ATCC) ホームページ：
　http://www.atcc.org/

などである．

表 4・3 代表的な動物細胞株とその性質

細胞名	由来	特性
HeLa	ヒト子宮頸がん	ヒト由来で樹立された最初の細胞株（1951年）．ヒトウイルスに感受性．細胞生物学的解析の材料として広く用いられている
K562	ヒト慢性骨髄性白血病	分化誘導物質の作用により，顆粒球，マクロファージ，赤血球，巨核球などに分化する
HL60	ヒト急性前骨髄性白血病	レチノイン酸などでマクロファージ系あるいは顆粒球系細胞に分化する
cos	サル腎臓	SV40の複製開始点欠損株による形質転換株．T抗原を産生しているのでSV40 ori を含むベクターが複製可能
CHO	チャイニーズハムスター卵巣	細胞遺伝学の基礎的研究材料として有用であり，遺伝子組換え宿主として生理活性物質生産にも利用されている
PC12	ラット副腎髄質褐色細胞腫	NGF（神経成長因子）やレチノイン酸などの作用により神経突起の伸長を示す
CTLL-2	C57BL/6マウスT細胞	インターロイキン2依存性の細胞で，細胞傷害活性を示すT細胞株
FM3A	C3Hマウス乳がん細胞	浮遊状態でよく増殖する．細胞周期の研究などに用いられる
3T3	BALB/cマウス胎仔	繊維芽細胞様形態．ウイルスや化学物質の作用でがん化することからがん化の機構，がん遺伝子の解析に用いられた

4・2 動物細胞の利用

　前節で述べたように，動物個体から分離した細胞は，由来する組織や器官でその細胞が発現していた機能や性質を維持していることが多く，生体内で進行している反応や細胞間相互作用を試験管内で再現することができる．このような初代培養細胞は，条件を整えれば長期間機能を維持したまま培養を継続することが可能で，数世代の継代に耐えるものもある．しかし，時間の経過とともに当初の機能の一部を喪失したり増殖能を失ってしまう例も多く認められる．このような細胞から無限増殖能を獲得した細胞，すなわち不死化細胞は初代培養細胞が示した性質の中のいくつかを保持しているものもある．さらに，不死化細胞からの突然変異により接触阻害を受けなくなった細胞，腫瘍転換細胞を選択したり，ウイルス感染により積極的に形質転換細胞を形成させることにより，より増殖能が高く，取扱いの容易な細胞を調製することも行われている．本節ではこれら細胞の利用について概観する．

4・2・1 培養細胞を用いた生理活性物質の探索

　ホルモン，サイトカイン，酵素のように生体内で機能している生理活性物質を特定したり，生体内物質と同じような作用を示す物質（**アゴニスト** agonist という）あるいはその作用を選択的に阻害する物質（**アンタゴニスト** antagonist という）のような薬理活性物質を自然界から探索する最も確実な方法は，動物個体を用いるものである．事実，生薬は長い歴史の中でこのようにして見いだされ，選ばれ実際に用いられているものである．最近でも動物個体を用いて新たな薬理活性をもつ化合物が探索された例がないではないが，多くの未知試料の中から数少ない有用物質を探索しようとするとき，時間，労力，費用などの点で現実的ではないといえる．そこでそれに代わるより簡便な方法として，動物器官，組織，細胞，細胞内成分を用いたシステムの開発が試みられている．

　これらのシステムの中で，有効物質の候補を数多くの試料中から抽出する最初の段階として有用なものを探索することを**第一次スクリーニング**とよぶ．そこで有望であることが認められたものは，さらに的を絞ったシステム（**第二次スクリーニング**）で検討される．このようにして選ばれた活性物質が薬理作用をもつものである場合は，以下のような手順で医薬品としての開発システムに供される．すなわち，変異原性，催奇形性，発がん性，安全性などが各種遺伝子変異を含む微生物培養細胞や，マウス，ラット，よりヒトに近い大型動物などを用いた個体レベルで検討される．このテストに合格したものは健常者による体内動態の検討，安定性，副作用の有無などについて検討され（**第 1 相試験**），**第 2 相試験**では，少数の患者を対象として投与法や有効性が調べられる．**第 3 相試験**では，プラセボ（偽薬剤）投与を対照とする二重盲検試験を基盤とした臨床試験が多くの患者に対して実施される．これらの結果から有用性が明らかとなったところで実際の臨床薬としての開発が軌道に乗るというわけであるが，さらに市販後においても有効性，副作用などについての検討が続けられ，適応症，使用法の修正が行われる（**第 4 相試験**）．

　動物器官を用いたスクリーニングの例として喘息治療薬の開発を目的したものがある．モルモットから摘出した気管標本に生体内作用物質であるニューロキニン A を添加すると収縮する．これは，喘息で見られる反応を生体外で再現したものに相当する．この際見られる収縮反応を阻害するような物質を微生物代謝産物などについて探索し，喘息の症状を抑制するような有効成分を得ようとしたものである．組織を利用したものでは，たとえば血管収縮活性を指標とした生理活性物質の探索が行われている．

a. **初代培養細胞を用いた探索**　初代培養細胞は細胞株に比べると多量の細胞を得ることが難しいが，より生体レベルに近いという意味で利用価値がある．また，動物個体を用いる探索に比べて数多くの試料にも対応することができる．ここでは免疫系と骨代謝系に関する実際例を述べる．

i) 免疫機能に作用する物質の探索

高等動物で最も発達した形でみられる免疫機能は，個体中に生じた異常細胞や外部から侵入してくる異物を監視し，それを排除する能力をもつ強力な生体防御の仕組みである．この機能は主として，抗体に代表される**液性免疫**と，細胞が標的に直接作用する**細胞性免疫**とに分けられ，分化の進んだ免疫細胞群が担当している．これらは，**免疫ネットワーク**とよばれるように，それぞれが単独で機能するばかりでなく，可溶性因子を介したりあるいは細胞同士が直接接触することにより情報交換を行い，調和のとれた機能発現をしているのである（図 4・1）．

外来の異物が侵入すると，異物のもつ抗原に対応する抗体を細胞表面に表出している細胞（B 細胞）は活性化してプラズマ細胞となり，抗体を活発に産生するようになる．抗体が取付いた異物はそれだけで無害化（中和）されることもあるが，さらにマクロファージや好中球のような貪食能をもつ細胞に取込まれ，リソソーム酵素により加水分解されたり，それが細菌などの細胞である場合には活性酸素，NO（一酸化窒素）などの攻撃を受けることにより不活性化したりする．

前節（§4・1・1a）で示した脾臓細胞には，T 細胞，B 細胞などのリンパ球，マクロファージをはじめとする各種の成熟免疫担当細胞が含まれている．これらの細胞群に適量な刺激を与えると，生体内での免疫機能の活性化の過程をある程度模倣した反応を見ることができる．たとえば，この脾臓細胞群にグラム陰性細菌の内毒素（細胞表層成分）である**リポ多糖**（lipopolysaccharide：LPS）を添加すると B 細胞群が，細胞凝集作用をもつ物質（レクチンと総称される）の一つである植物由来の**コンカナバリン A**（concanavalin A：ConA）を添加すると T 細胞が分裂増殖するようになる．この現象を，**幼若化**（blastogenesis）とよび，LPS や ConA のような物質を**マイトジェン**（mitogen）と称する．幼若化反応は，リンパ球の抗原に対する反応を反映している簡便なモデルと考えられ，この反応を利用して特異的な抑制物質を探索したところ，T 細胞の幼若化を B 細胞の幼若化より強く抑制する活性物質として，カビの代謝産物であるシクロスポリン A と放線菌の代謝産物である FK-506 が見いだされた（図 4・6，図 4・7）．これら二つの化合物はいずれも免疫機能を特異的に抑制することが明らかにされており，臓器移植の際に問題となる拒

図 4・6　FK-506 およびシクロスポリン A の化学構造

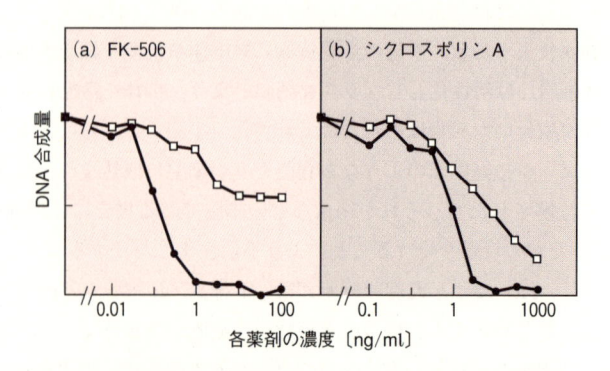

図 4・7　脾臓細胞の幼若化反応に対する影響．脾臓細胞を ConA（●），LPS（□）とともに薬剤存在下で 72 時間培養し，DNA 合成能を測定した．

絶反応を軽減する特効薬として，現在，臨床で用いられているものである．
ii）骨代謝に影響する化合物の探索
　骨は支持組織としての機能とカルシウム貯蔵庫としての機能を担っており，血液中のカルシウム濃度が低下すると副甲状腺ホルモン（parathyroid hormone：PTH）などのカルシウム調節ホルモンの作用により骨からのカルシウムの溶出（**骨吸収**）が行われ，また逆に血液中のカルシウム濃度が高くなると骨への集積（**骨形成**）が行われる．したがって，成長期を終わった個体においても骨では活発な代謝回転が繰返されているのである．

骨組織の破壊・吸収に関与する細胞は**破骨細胞**（osteoclast），新たな骨組織の形成に関与する細胞は**骨芽細胞**（osteoblast）とよばれ，これら細胞の機能により骨量とその構造が維持されている．骨粗鬆症は，破骨細胞による骨吸収機能が骨芽細胞の骨形成機能を上回ることにより骨密度が低下し発症するのである．

最近，破骨細胞の分化，融合，機能発現に至る過程と骨芽細胞の関与が分子レベルで明らかにされてきており，それに伴い，その過程に作用する生理活性物質の探索ならびに機能発現機構の解析が可能になってきた．

破骨細胞は骨髄中の造血幹細胞に由来する細胞で，単球・マクロファージと共通と思われる前駆細胞が分化・融合してできる多核の巨大な細胞である．他方，骨芽細胞は単核の細胞で未分化の間葉系細胞から分化する．マウス骨髄細胞または脾臓細胞と新生仔マウス頭蓋骨由来の骨芽細胞との共存培養系に，**骨吸収因子**（活性型ビタミン D_3，PTH など）を添加すると破骨細胞が形成される（図 4・8）．骨吸収

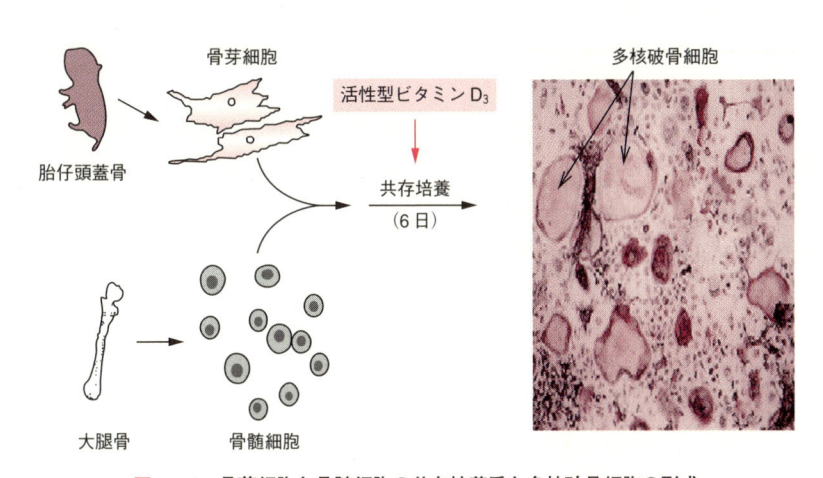

図 4・8 骨芽細胞と骨髄細胞の共存培養系と多核破骨細胞の形成

因子は骨芽細胞に作用し破骨細胞の分化増殖を促す因子（**マクロファージコロニー刺激因子**：M-CSF，**破骨細胞分化因子**：RANKL など）を生産させる．可溶性の因子および細胞間接触を介して骨芽細胞から刺激を受けた破骨細胞前駆細胞は単核破骨細胞に分化し，さらに単核破骨細胞同士が融合して多核の破骨細胞様の細胞になる．こうして形成された細胞は骨片上で培養すると，活性化した成熟破骨細胞と同じく骨組織に覆いかぶさるように密着して閉鎖空間をつくり，形質膜の陥入により

形成された波状縁とよばれる特殊な構造体から酸やタンパク質分解酵素などを分泌することにより，骨組織を破壊・吸収する．

このような混合細胞系に微生物の二次代謝産物や，生薬抽出物，食品成分を添加し，破骨細胞の成熟過程，融合過程，骨吸収過程などに作用する生理活性物質を探索することができる．

b. 細胞株を用いた探索　　上で示した初代培養系は特に組織に由来するいろいろな性質をもった細胞の集合体であるから，生体内での複雑な細胞間相互作用を含む反応系を再現するシステムとして広範囲に有効物質を探索するのに有用である．このことは裏を返せば，有効な活性成分が認められたとしても，どの段階でその効果が発揮されているのかさらに詳しい解析を進める必要があることを示している．すなわち，より標的を絞った探索を進めるには特定の性質を示す株化細胞を用いたほうが簡便であり，効率的でもあると考えられる．特に最近では，増殖能が優れていて取扱いが容易であるばかりでなく，個体の中で進行する現象を試験管内で再現することができるような細胞株も数多く調製されており，目的に応じて高度な解析をするための材料としても期待されている．

その例として，細胞の分化過程を対象とする生理活性物質の探索についてみてみよう．血液中に見られるマクロファージ，顆粒球，リンパ球，赤血球などは，骨髄中にある多分化能をもった造血幹細胞が，ホルモンやサイトカインの刺激を受けて増殖・分化することにより形成されたものである．白血病細胞のあるものは，この分化の過程での異常により未成熟な段階のままで増殖の調節機構を失った細胞と考えられる．このような細胞に分化誘導物質を添加すると，成熟血液細胞様の形態および性質を示す細胞に分化するとともに無限増殖能を失うことがある．もしこのような効果を生体内で示すような物質が見いだされれば，細胞分化の機構を解明するための道具として利用できるばかりでなく，がん化細胞の正常細胞への復帰を誘導することができるかもしれない．実際，白血病細胞の異常な増殖や分化に関与している遺伝子の変異は，がん遺伝子あるいはがん抑制遺伝子の中にあることが明らかにされているものが多いのである．

表4・3 (p.145) でいくつかの細胞株が示されているが，その中にはホルモンやサイトカインのような外部からの刺激によりいろいろな細胞に分化するものが含まれている．

ヒト慢性骨髄性白血病患者の胸水浸出液から分離された細胞である K562 細胞は，抗白血病治療薬として臨床でも用いられているダウノマイシン（図4・9）に

より赤血球に分化することが示されている．また，この細胞は条件によりマクロファージ・顆粒球にも分化することが知られている．

図4・9 ダウノマイシンの化学構造

ヒト急性前骨髄性白血病細胞株であるHL60細胞は，レチノイン酸，活性型ビタミンD_3，ホルボールエステルなどにより，マクロファージあるいは顆粒球への分化を誘導することができる．

PC12細胞は，ラット副腎髄質由来の褐色細胞腫から分離されたものであるが，神経成長因子（nerve growth factor：NGF）の存在あるいはレチノイン酸，ジブチリルcAMPの添加により分化が誘導され神経突起を伸長させる（図4・10）．

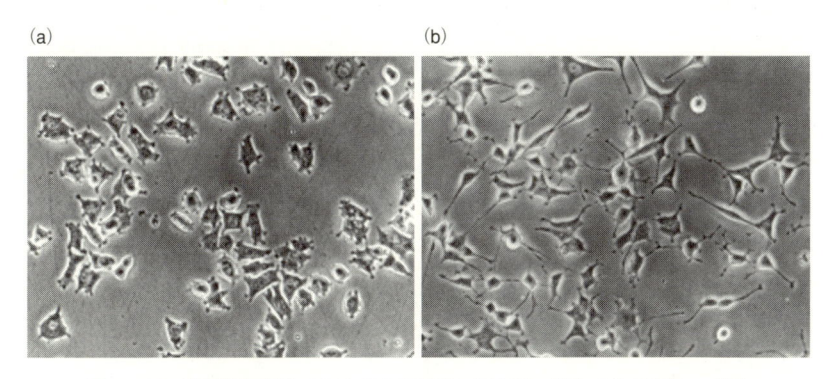

図4・10 神経芽腫細胞PC12の分化誘導．無処理の細胞（a）は個々の細胞がばらばらにゆるくシャーレの底に接着しているが，NGFで分化誘導した細胞（b）は神経突起を伸ばして互いに連絡し合ってシャーレの底にもしっかり接着している．〔資料提供：理化学研究所 長田裕之博士〕

これらの細胞は，生体内の分化誘導活性物質であるホルモンやサイトカインを検索したりその作用を解析する目的で用いることができるが，さらに，ダウノマイシ

ンの例でもわかるように，誘導活性を有する低分子物質の探索にも利用される．すなわち，微生物の培養液や，植物，海洋生物の代謝産物などを対象としてこれら細胞の分化を誘導したり，生体内物質による分化誘導を抑制したりする物質の探索系として有用である．

このような細胞を用いて得られる生理活性物質の作用機構にはさまざまな可能性がある（図1・10参照）．すなわち，

① 生体内の分化誘導因子（一般的に**リガンド** ligand という）と細胞表層に位置する**受容体**（receptor）あるいは細胞内受容体との結合を模倣（アゴニスト）あるいは選択的に阻害するもの（アンタゴニスト）．
② 受容体から細胞内反応系へのシグナル伝達過程に作用するもの．
③ 転写因子の活性化に作用するもの．
④ 遺伝子の発現過程（染色体の構造，転写，翻訳などを含む）に作用するもの．

などが含まれると考えられる．

4・2・2 培養細胞を用いた有用物質生産

20世紀半ばから急速な発展を見せた分子生物学の成果が，セントラルドグマという形で結実し，すべての生物の遺伝情報とその発現過程が共通の仕組みにより成り立っていることが理解された．さらに1970年代に遺伝子組換え技術が開発されて以来，特定のタンパク質性機能分子を形成する情報をもった遺伝子のクローニングが可能になり，少なくとも原核生物の間では種を超えた遺伝子の組換えが可能であることが明らかになった．この過程で，真核生物とくに高等動・植物の遺伝子の構造は原核生物とはやや異なり，タンパク質のアミノ酸に対応する部分がイントロンにより隔てられたエキソンとして分散して存在し，転写産物である mRNA は**スプライシング**（splicing）という成熟過程を経ること（図1・11）が示されたが，それも cDNA（図1・17）の調製により原核生物にも利用可能な形にできることが明らかにされた．

こうして，動物に固有の酵素，ホルモン，サイトカインなどが大腸菌などの原核生物を宿主とした遺伝子組換え系を用いて工業的に生産されるようになっている．このようなものには，**ソマトスタチン**（脳内視床下部から分泌される成長ホルモンの分泌を抑制するホルモン．14アミノ酸からなるペプチド），**インスリン**（膵臓ランゲルハンス島β細胞が分泌するペプチドホルモン．血糖低下作用をもつ．21ア

ミノ酸からなる A 鎖と 30 アミノ酸からなる B 鎖が二つの S-S 結合で架橋している),**ヒト成長ホルモン**(脳下垂体から分泌される 191 アミノ酸からなるペプチドホルモン.小人症の治療に有効),**インターフェロン**(α, β, γがあり,抗ウイルス,抗がん活性をもつ.α, βは 166 アミノ酸,γは 146 アミノ酸からなる),**キモシン**(仔ウシの第 4 胃で生産され,牛乳中のκカゼインの特異的部位を切断し凝乳活性をもつプロテアーゼ.チーズ生産に用いられる)などがある.

しかし,動物細胞の生産するタンパク質には糖鎖が結合しているものも多く,この糖鎖がタンパク質の生理活性や安定性に関与している場合がある.原核生物には

表 4・4 動物細胞由来タンパク質の生産における宿主細胞の特徴

	原核生物	動物細胞
細胞の調製と培養	① 細胞の調製,管理は容易 ② 培地組成は単純,安価 ③ 培養装置は比較的簡単,管理も容易 ④ 培養は短時間 ⑤ 大量培養が容易	① 細胞の管理はやや複雑 ② 培地組成は複雑,添加する血清または無血清培地ともに高価 ③ 培養装置,管理ともにやや複雑 ④ 培養は比較的長時間 ⑤ 大量培養が難しい
生産された動物起源タンパク質の状態	① アミノ末端に開始コドンのメチオニンが付加するので除去が必要 ② 多量に生産すると細胞内で封入体を形成しやすい ③ シグナルペプチドの除去が正確に行われない ④ 糖鎖付加を含む翻訳後修飾機能の欠如 ⑤ ジスルフィド結合が正確に形成されないことがある	① 本来の目的タンパク質に近い生産物が生成 ② 生産効率は原核生物に比較すると低いが,変性は少ない ③ 生成されたタンパク質の所在が本来のものと同じ(正常な分泌) ④ 生物種による特異性はあるが,翻訳後修飾も本来の形に近い
その他の得失	① 生産物の分離,精製が比較的容易 ② 宿主細胞に由来する危険性が低い.ただし,エンドトキシンの混入は要注意 ③ 低分子有用物質生産は高効率	① 血清を含む培地では生産物の分離,精製が困難 ② 宿主細胞が含む可能性がある潜在的ウイルス,プリオンなどに要注意

タンパク質に糖を付加する機構がないことと，細胞内の環境が異なることから生成したタンパク質が**封入体**（inclusion body）となって凝集し，機能発現が見られないことも多い．このようなときにはいったんタンパク質を尿素処理などにより可溶化し，活性をもった形に再生するなどの処置が必要である．

宿主として原核生物を用いた場合と動物細胞を用いたときの長所・短所を表4・4に示す．

なお，酵母（*Saccharomyces cerevisiae*）は培養が容易であり，遺伝子組換えタンパク質の生産宿主として利用されることがある．真核生物なのでタンパク質への糖鎖付加機構を備えていることから，原核生物より優れている場合もあるが，糖鎖の構造が動物細胞とは大分異なるので，本来の性質を完全に再現するのは難しい面がある．

a. **培養細胞への遺伝子導入**　動物細胞を用いて生産させる有用物質は，ほとんどの場合酵素，抗体，ホルモン，サイトカインのような生理活性をもつタンパク質である．この点で，アミノ酸や核酸のような一次代謝産物や，色素，抗生物質などの低分子二次代謝産物を対象とすることが多い微生物や，やはり色素やアルカロイド，サポニン，タキソールのような生理活性物質の生産をめざす植物細胞とは異なるといえる．したがって，動物細胞では，まず目的とするタンパク質をコードする構造遺伝子に対応するcDNAを§1・6・2dで述べたような方法でクローニングすることから始まる．転写調節領域（プロモーター・エンハンサー配列など）とともにクローン化されたDNAは§1・6・2cで略記した方法で細胞内に取込まれる．この際ガラス毛細管を用いてDNA溶液を宿主細胞の核内に直接注入するマイクロインジェクション法以外では，DNAはまず細胞質に導入される．この外来DNAが核内に移行すると，導入DNAは転写され，ついで翻訳されて遺伝子産物であるペプチド，タンパク質が産生される．ただし，この発現は遺伝子導入後1〜2日目に見られるが一過性（transient expression）で，やがてDNAが分解されるとともに発現もなくなる．このDNAが宿主染色体の適当な部位に組込まれるか，宿主細胞内で複製の可能なプラスミドベクター（図1・15）に組込まれた形で導入された場合には安定に保持され，永続的な発現（stable expression）が認められるようになる．このような細胞を**安定形質転換株**（stable transformant）とよぶ．

b. **遺伝子導入株の選択**　外来遺伝子が導入された細胞すなわち形質転換細胞を，非形質転換細胞から選び出す目的で，ベクターとして用いられるプラスミドには**選択マーカー**とよばれる何らかの正の選択を可能とする遺伝情報が組込まれて

いるのが普通である．たとえば図1・15に示したベクタープラスミドには*Neo*rと記された領域があるが，この遺伝子産物はアミノグリコシド系抗生物質の一つであるネオマイシン類似の抗生物質G418（geneticin）を不活性化する．したがって，このプラスミドによる形質転換株はG418を含む培地上で生育するが，非形質転換株は死滅する．最近では，オワンクラゲから調製した**緑色蛍光タンパク質**（green fluorescent protein：GFP）遺伝子を含むプラスミドベクターが開発され，形質転換細胞を蛍光標識を指標として選択・分離することもできるようになった．

c. 遺伝子の増幅

形質転換が成功して，外来遺伝子をうまく宿主染色体中に組込むことに成功しても，通常のプロモーター，エンハンサーによる遺伝子発現の程度は工業的な物質生産のレベルには到達しないことが多い．そのようなときに染色体中にある遺伝子のコピー数を増加させる，すなわち遺伝子を増幅することができれば有用であろう．そのような目的で注目されたのが核酸生合成過程に関与する**ジヒドロ葉酸レダクターゼ**（dihydrofolate reductase：DHFR）の阻害剤である**メト**

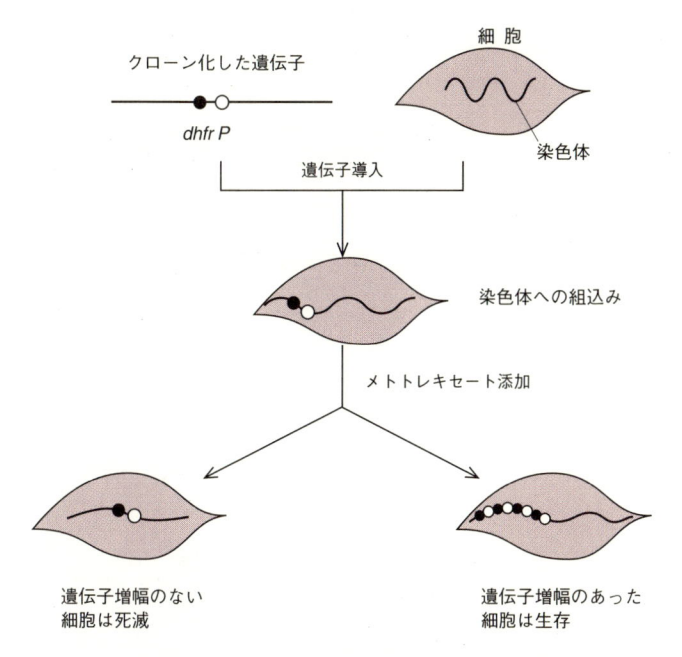

図4・11 導入遺伝子の増幅による物質生産効率の改善．● *dhfr*：ジヒドロ葉酸レダクターゼ遺伝子　○ *P*：増幅しようとする導入遺伝子

トレキセート（methotrexate：MTX）である．MTX は急性白血病，乳がんなどの治療薬として使われているが，継続投与により耐性細胞が出現する．これらの細胞の中には作用標的である DHFR の遺伝子が増幅しているものがあった．すなわち染色体上で遺伝子（*dhfr*）が直列にいくつも連なっていたのである（図 4・11）．遺伝子の増幅に伴って標的となる細胞内の DHFR 量が増えたために MTX 耐性が表現されたのである．さらに，この遺伝子増幅は *dhfr* 領域のみならずその周辺の遺伝子も同時に増幅していることが明らかとなった．

d. エリスロポエチンの生産　　動物細胞を用いた有用物質生産の実際例として，エリスロポエチン（EPO）について述べる．EPO は赤血球前駆細胞の分化・増殖の促進作用を示す酸性の糖タンパク質である．1906 年に P. Carnot らによりその存在が示唆され，1977 年に T. Miyake らにより再生不良性貧血患者の尿より分離された．その後アミノ酸配列に対応した合成オリゴヌクレオチドをクローニングプローブとして，ヒト胎児肝臓由来の染色体 DNA ライブラリーから完全長の EPO 遺伝子がクローニングされた．この DNA を DHFR 遺伝子と SV40 の後期プロモーターを含むベクタープラスミド中に組込み，宿主である CHO（チャイニーズハム

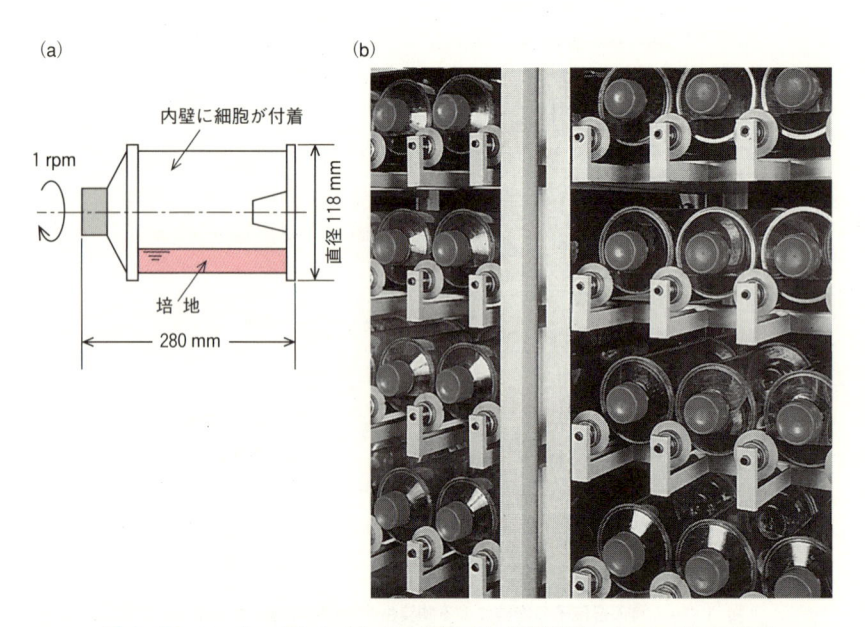

図 4・12　ローラーボトル（a）と培養棚（b）〔写真提供：キリンビール（株）〕

スター卵巣）細胞にリン酸カルシウムゲル法により導入した．この形質転換細胞をMTX存在下で培養し，その濃度を段階的に増大させることにより遺伝子の増幅を誘導し，安定なEPO高生産株の調製に成功した．

CHO細胞は浮遊状態でも培養が可能であるが，これをローラーボトル中に播種し緩やかに回転させると器壁に付着した状態で増殖する（図4・12）．EPOは培養液中に分泌されるので，培養液を吸引除去した後新鮮培地を供給することによりさらに培養を継続することができる．用いる培地は無血清培地でよいので培養液からのEPOの分離は比較的容易である．すなわちイオン交換あるいは逆相カラムクロマトグラフィーの応用により高度な精製が可能であるとされている．

e. 単クローン抗体の生産 抗体は，生体に侵入した異物の特定部位（**抗原決定基**，エピトープepitope）に選択的に結合する活性をもち，高等動物の生体防御機構の一つである免疫系で大きな役割を果たす分子であるが，同時にそれ自体診断薬や医薬，微量成分の検出，精製，同定における試薬などとして工業的にも広い利用価値を有している．ただ，血清中に含まれる抗体は個々の抗体産生細胞が生成する抗体の集合体，すなわちポリクローン抗体であるために利用に限界があった．

1975年にG. KöhlerとC. Milsteinは，一つの抗体産生細胞が生成する抗体のみを選択的に生産させる方法を開発し報告した．このような抗体を**単クローン抗体**（monoclonal antibody）とよぶが，この調製の成功により上記のような抗体の利用法が一段と進化したものとなった．

単クローン抗体の調製過程を模式的に示すと図4・13のようになる．すなわち，抗原物質を投与したマウスより脾臓を取出し，その中に含まれるリンパ球を調製する．この中には投与した抗原に対する抗体をはじめとする種々の抗体を産生する細胞が含まれるが，これら抗体産生細胞は分化した正常細胞であるので分裂増殖能はもたない．これと骨髄腫由来の細胞で無限増殖能をもち，ヒポキサンチン-グアニンホスホリボシルトランスフェラーゼ（HGPRT）を欠損したP3X67Ag細胞とをポリエチレングリコール存在下で融合させる．融合処理後の細胞には，

① 融合していない細胞　　　② 脾臓細胞同士が融合したもの
③ 脾臓細胞と骨髄腫細胞の融合細胞　　④ 骨髄腫同士の融合細胞

が混在する．これら細胞をヒポキサンチン，アミノプテリン（ジヒドロ葉酸レダクターゼの阻害剤で，核酸の新生経路を阻害する），チミジンを含む培地（**HAT培地**という）に播種すると，脾臓細胞ならびに②は本来増殖しない細胞なので集落をつ

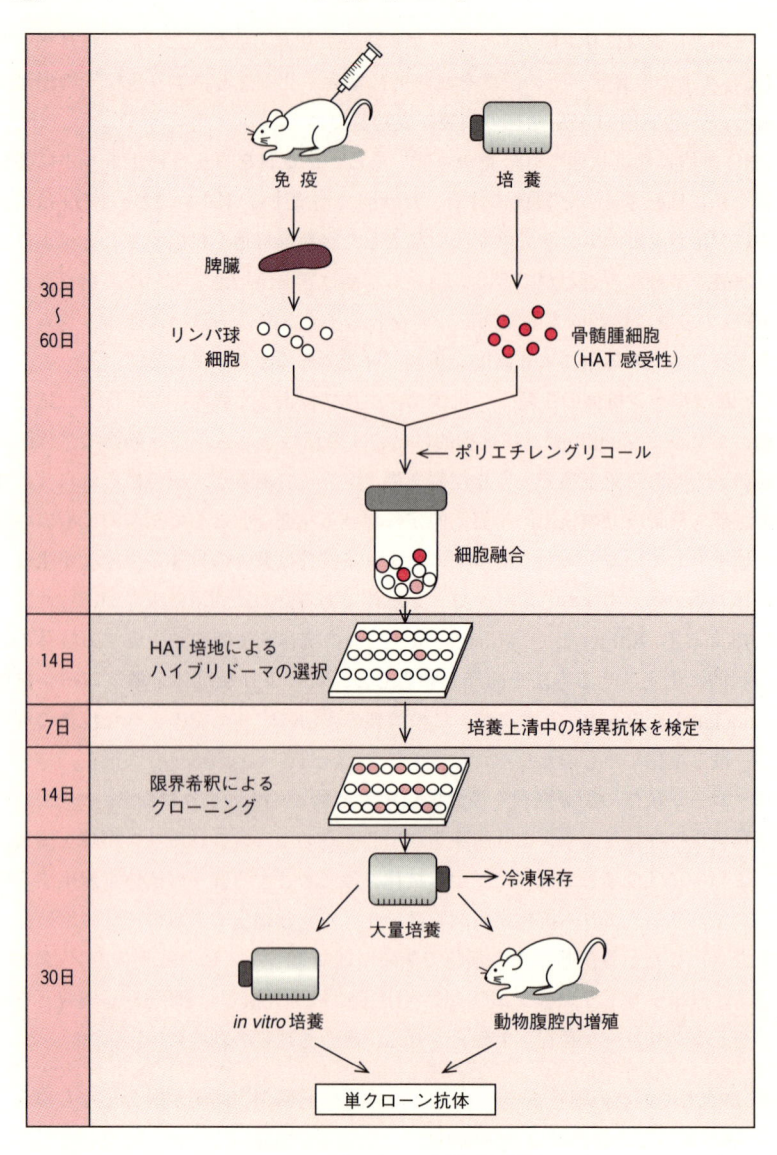

図 4・13　単クローン抗体の調製法

くらず，骨髄腫細胞および④は HGPRT をもたずサルベージ合成経路（再利用経路）が機能しないから，アミノプテリンにより新生経路が断たれると生育できない．そ

れに対して③は脾臓細胞のもつサルベージ合成経路により生育が可能で，集落を形成することができる．結局，目的の細胞のみが選択できるというわけである（図4・14）．

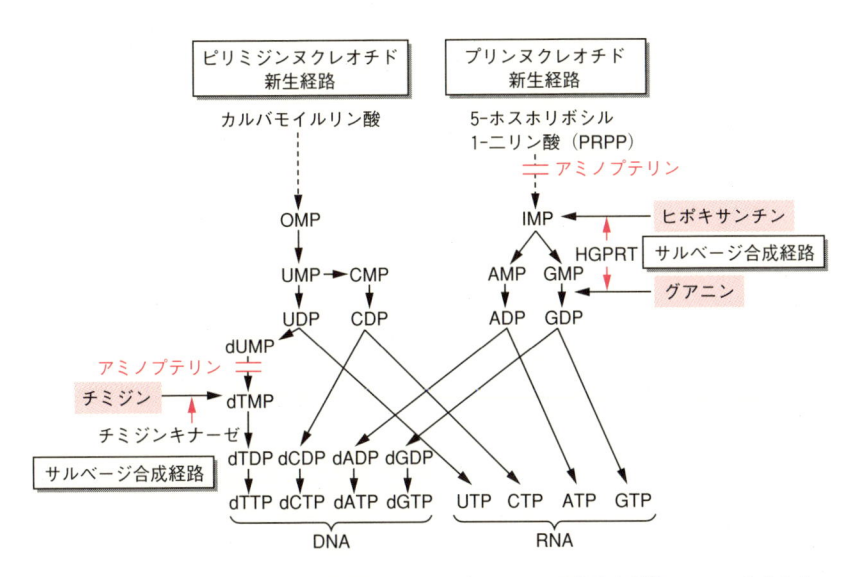

図4・14 ヌクレオチドの生合成経路とアミノプテリンの反応阻害部位．ヌクレオチド生合成経路には，小分子素材から合成する新生経路と，DNA，RNAなどの分解産物であるヌクレオシド，塩基などを素材とするサルベージ合成経路がある．IMP: 5′-イノシン酸，OMP: 5′-オロチジル酸，HGPRT: ヒポキサンチン-グアニンホスホリボシルトランスフェラーゼ

こうして得られた融合細胞は，脾臓細胞の抗体産生能と，骨髄腫細胞の無限増殖能を兼ね備えていたので，その中から活性の高い抗体を産生しているものを選択することにより，目的とする単クローン抗体をいつでも好きなだけ調製することができるようになった．

4・3 個体の形成と遺伝子の改変

前節で，動物細胞の遺伝子を改変あるいは動物細胞に外来遺伝子を導入することにより，有用物質の生産性を高め工業的な生産に結びつける技術について解説した．この限りでの動物細胞は，細胞の不安定性や脆弱性，培地の複雑さなどは考慮する

必要があるにしても，微生物あるいは改変した植物細胞と同様に取扱うことができる．ただ，前にもふれたように動物細胞を用いた生産物は酵素，抗体，ホルモン，サイトカインなどの生理活性をもつタンパク質であることが多いので，血清を添加した場合などのように用いる培地によっては後の精製・分離過程が複雑になることはある．

植物の場合は分離した細胞に遺伝子を導入しそれを培養して得られたカルスに適当なホルモン処理を施すと，発芽，発根を経て植物体を形成する．このようにしてつくられた形質転換植物体をトランスジェニック植物とよび，除草剤耐性，病害虫抵抗性，低温抵抗性などの目的に沿った形質をもたせることができた．同じようなことが動物でも可能だろうか．本節では動物における個体の形成，遺伝子導入個体の形成について述べる．

4・3・1　動物における個体の形成

哺乳動物では，個体は必ず受精卵あるいは受精卵に相当する細胞（後述）から胚となり，子宮内で母体からの栄養補給を得て分化・発生過程を経て形成される．したがって，他の動物種と異なり，卵には卵黄が見られず大きさもマウスで直径80 μmと小さい．マウスにおける発生の初期過程は以下のとおりである（図4・15）．

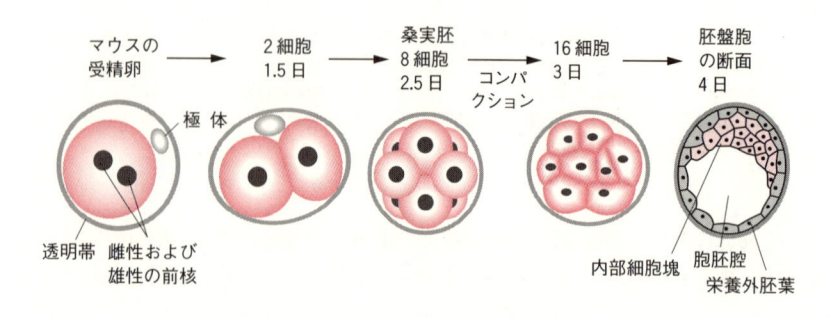

図4・15　マウス胚の初期発生過程

受精後の卵は通常の体細胞と同様の速度で分裂を繰返し，2.5日で8個の細胞からなる桑の実型の塊（**桑実胚**，morula）となる．その後16細胞になる期間で細胞間の接着性が変化し，互いに密着した状態になる（**コンパクション**）．桑実胚は表面が滑らかな球状で，内部は外液から保護される．さらに分裂が進むと内部が液で満たされた腔（**胞胚腔**）が形成され，**胚盤胞**（blastocyst）となる．胞胚腔の一極に

は細胞が集積しており**内部細胞塊**（inner cell mass）とよばれる．外側を形成している細胞層は**栄養外胚葉**（trophectoderm）といい，後に胎盤の一部となって胚に栄養を補給する役割を担うようになる．胚を覆っていた透明帯が離脱すると栄養外胚葉は子宮内壁に密着し，胚の着床が完了する．この間，内部細胞塊は分裂を繰返し，胚本体となって生育し，胚葉形成，器官形成を経て胎仔となる（図4・16）．

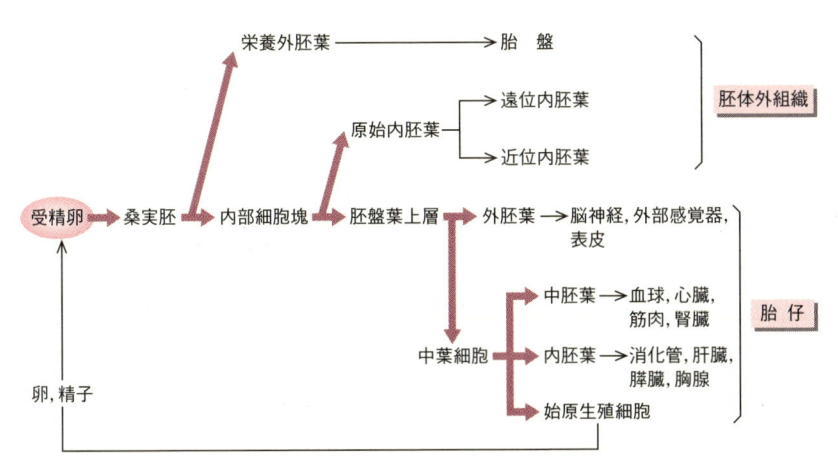

図4・16　胚発生と細胞分化の系譜

4・3・2　キメラ個体の形成

8細胞期までの初期胚を構成している細胞を二分すると，2匹の正常な同一個体が形成されることから，これら細胞はこの段階では将来どのような細胞に分化するか決定されていないことがわかる．また，互いに異なる二つの8細胞期の胚から得た細胞同士をあわせると，両方の胚に由来する性質を示す個体（**キメラ**，chimera）が形成される．同様なことは，一つの胚盤胞に，他の胚由来の内部細胞塊を注入しても観察される（図4・17）．すなわち，二つの異なる遺伝子型を有する胚由来の内部細胞塊を含む胚盤胞は，キメラ個体を形成する．注入された細胞は発生の過程でどの細胞にも分化する可能性をもっているので，ある場合には卵や精子をつくる始原生殖細胞になることもある．このような始原生殖細胞をもつキメラ個体同士を交配することにより，たとえば劣性の遺伝子をホモ（相同染色体の両方に同一の変

異があるとき**ホモ**，一方が野生型または異なる変異をもつとき**ヘテロ**という）にももつ受精卵を形成させることもできるわけで，発生の過程におけるその遺伝子の関与，あるいは個体レベルでその遺伝子に由来する形質を特定するのに有用である場合もある．

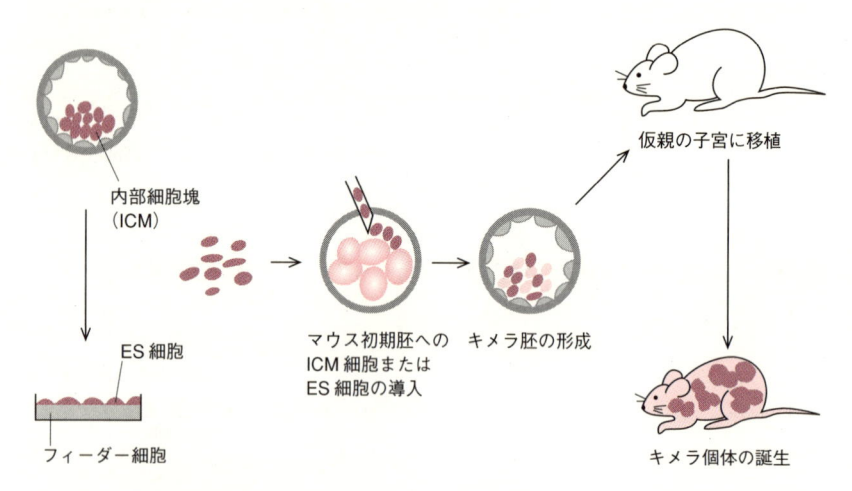

図 4・17　**内部細胞塊および ES 細胞からのキメラ個体形成**．内部細胞塊から得た細胞または ES 細胞をマウス初期胚に導入し，偽妊娠雌マウスに移植する．導入された細胞はホスト胚由来の細胞とともにキメラ個体を形成する．

4・3・3　胚性幹細胞

上に述べたように，胚盤胞の内部細胞塊は個体を形成するすべての細胞に分化する能力すなわち**分化多能性**（pluripotency，多分化能）をもっている．1981 年マウス内部細胞塊から分化多能性を保持したまま試験管内で無限に増殖する細胞，**胚性幹細胞**（embryonic stem cell：**ES 細胞**）が得られた．受精後 3 日目の胚盤胞から内部細胞塊を取出し，**フィーダー細胞**（支持細胞）上で培養する．フィーダー細胞として用いられたのはマウス胎仔由来の繊維芽細胞を X 線照射または薬剤処理してその増殖能力を失わせたもので，ES 細胞の生育を支持するとともに未分化の状態に保つ作用をもつ．こうして得られた ES 細胞は，当初その性質を維持したままで継代することが難しいと考えられたが，その後，通常の血清を含む培養液中でも**白血病阻害因子**（leukemia inhibitory factor：LIF）とよばれる増殖因子（成長因子）を添加すると，分化が抑制されたままで分裂を繰返すことが明らかとなり，培養，

維持が容易になるとともに種々の研究に利用されるようになった（図4・18）.
　培養したマウスES細胞は，内部細胞塊由来の細胞と同様に，胚盤胞中に注入されると既存の内部細胞塊とともに発生過程を経過し，キメラ個体を形成する（図4・17）.

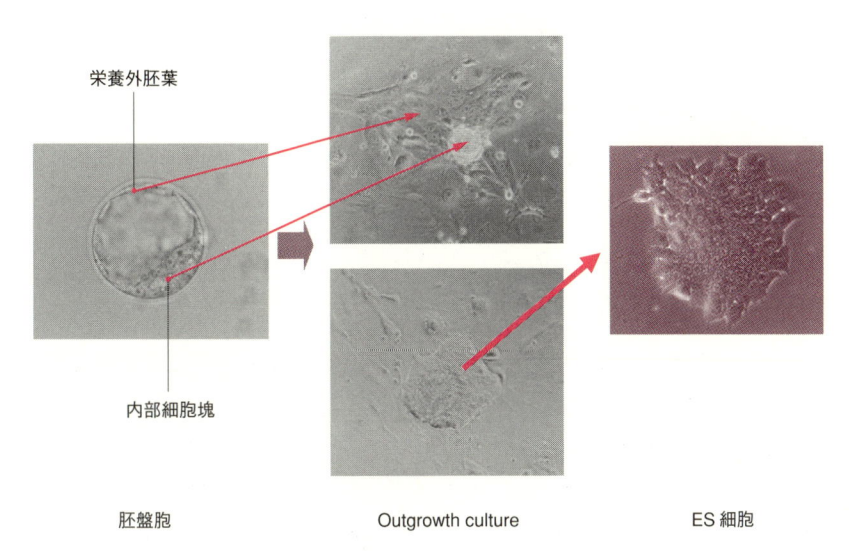

図4・18　**胚盤胞からのES細胞株の樹立**．胚盤胞をフィーダー細胞上，あるいはゼラチンコート上で培養すると，ボール状の構造が二次元的に展開され，栄養外胚葉が底面に広がり，内部細胞塊が塊のまま残る（outgrowth culture）．白血病阻害因子（LIF）を含む適切な培地を用いれば，この内部細胞塊は増殖を開始し，ES細胞が樹立できる．〔丹羽仁史，"再生医療へと動き始めた幹細胞研究の最先端"，実験医学増刊，Vol. 21, No.8, p. 24, 羊土社（2003）〕

　マウスに続いて，ラット，ウサギ，ウシ，ブタ，ヒツジなどについてもES細胞の樹立が試みられ，いずれも繊維芽細胞などをフィーダーとする培養によりマウスES細胞に似た細胞が得られている．これら細胞では高い増殖能，特徴的な細胞形態，内部細胞塊で認められる酵素活性・細胞表層抗原・転写因子の発現などが観察されている．しかし，マウスES細胞で認められた未分化の状態での増殖を可能にするLIFの効果，あるいはそれに相当する活性成分の存在は現在まで報告されておらず，分化の抑制に関与する機構は明らかでない．
　ヒトに近い霊長類でのES細胞の調製は，アカゲザルとマーモセットについて試

みられた．これらサルの胚盤胞から内部細胞塊を分離し，マウス胎仔繊維芽細胞をフィーダー細胞として培養する方法により 1995～1997 年に相次いで樹立された．さらに 1998 年には同じ研究者グループによりヒト胚盤胞からの ES 細胞株樹立がなされている．

4・3・4 体細胞を用いたクローン形成

植物と違って，動物では個体の一部をもとにして個体を再生することは長い間の多くの研究者による試みにもかかわらず成功しなかった．たとえば両生類であるカエルを用いた実験で，初期胚から得た核を用いると通常の発生過程を経て成体のカエルが誕生するが，成体であるカエルのケラチノサイト（角化細胞；表皮を構成す

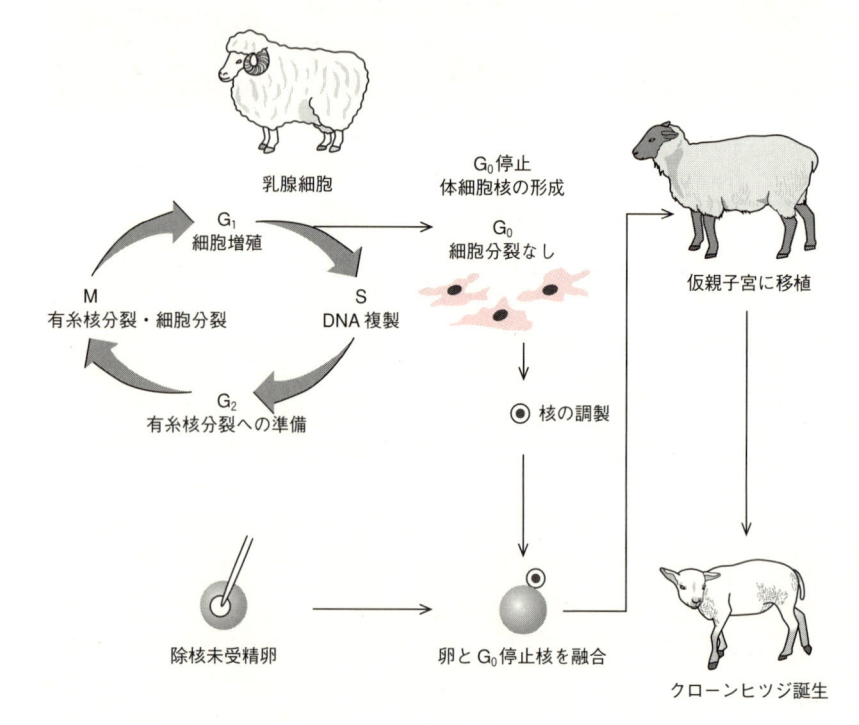

図 4・19　**体細胞核を用いたクローンヒツジの形成**．増殖能をもつ体細胞は，有糸分裂期（M 期），間期（分裂期に続く G_1 期，染色体複製に対応する S 期，分裂期までの G_2 期）からなる細胞周期を繰返している．ヒツジ乳腺から得た細胞を血清のない培地で培養し，増殖を止めた G_0 期に導入する．その細胞から核を抽出して除核した未受精卵と融合し仮親に移植したところ，乳腺細胞と同じゲノムをもつ仔ヒツジが誕生した．

る細胞）から調製した核では，何度試みても幼生すなわちオタマジャクシの段階で生育が停止し死んでしまうことが報告されていた．このようなことから動物では発生の過程でゲノムが不可逆的な変化を受けているのではないかと考えられていた．しかし，この大方の予想を裏切る報告が1997年に英国ロスリン研究所の研究者 I. Wilmut らによってなされたのである．

彼らは，1996年にヒツジの胚盤胞から多分化能をもつ細胞を調製した．しばらく培養した後，培地中の血清濃度を10%から0.5%に低下させた状態で5日間培養した．この処置により，細胞は増殖を停止し，G_0期の状態に維持されることになる．この細胞から核を分離し，別に調製した核を除去した未受精卵に導入し電気融合法により融合した．ついで試験管内で桑実胚あるいは胚盤胞になるまで培養した後，仮親の子宮に移植し仔ヒツジを得ることに成功した．この成功の原因は，核を供与する細胞（ドナー細胞）を細胞周期のG_0期で停止させることにより，染色体DNAの状態を受容側（レシピエント）である卵の細胞質の環境に調和させたことにあるとされている．

図 4・20　クローンヒツジ・ドリー（右）と正常な交配でドリーが出産した仔ヒツジ・ボニー（左）．〔写真提供：ロスリン研究所，スコットランド国際開発庁，（財）バイオインダストリー協会の好意により転載〕

この結果を参考にして彼らは，生後6年を経た雌ヒツジの乳腺から細胞を分離し，その細胞を上の胚盤胞由来細胞と同じように処理してG_0期の状態においた後に核を分離し，除核未受精卵と融合させた．さらに胚盤胞まで培養した後に仮親の子宮に移植したところ，通常の妊娠期間を経て仔ヒツジが誕生した（図4・19）．すなわち，体細胞の一つである乳腺細胞の核には，個体を形成させるのに必要な遺伝情報がすべて維持されていることが証明されたわけである．このことは，体細胞をもとにして同一のゲノム情報をもつ個体"クローン個体"をいくらでも生産することが，少なくとも理論的には可能になったことを意味する．なお，受容細胞として除核未受精卵を用いるので，核外の遺伝情報すなわちミトコンドリアは常に卵に由来することは理解しておく必要がある．

ともかく，こうして出生した仔ヒツジはドリーと命名されて一躍人気者になったが，さらにその後雄ヤギとの通常の交配により仔ヒツジ・ボニーを出産した（図4・20）．それではドリーははたして正常な経過を経て出産したヒツジとあらゆる面で同じであっただろうか．乳腺細胞を与えたヒツジはすでに6歳であったことから，ドリーは出生時すでに6歳の加齢を伴っていたことにはならないのだろうか．そのような方向の解析がなされたが，加齢に伴うとする明確な異常は認められなかった

図4・21 **ウシのクローン**．よく見ると白黒のまだら模様が個体間で微妙に異なる．体細胞の分布が生育環境の差により影響されることを示す．〔写真提供：農林水産省，（財）バイオインダストリー協会の好意により転載〕

4・3 個体の形成と遺伝子の改変　　　　　　　　　　　　　167

といわれる．しかし，ドリーは関節炎と（高齢のヒツジに見られるような）肺疾患に罹患しており回復の見込みがないことが判明し，2003年2月に安楽死させられた．1996年7月の誕生であるから6歳と半年の命であった．ちなみに通常のヒツ

表 4・5　遺伝子導入個体の形成に至る技術の発展

年	開発された技術あるいは成果
1968	胚盤胞への胚細胞注入によるキメラマウスの形成
1971	精子を用いたウサギ卵母細胞への異種DNAの導入
1974	着床前胚盤胞へのウイルスDNA注入による遺伝子導入マウスの形成
1975	胚へのレトロウイルス注入による遺伝子導入マウスの形成
1980	前核への注入によるマウス胚の形質転換
1981	ヒト成長ホルモンの導入マウスにおける成長促進効果
1985	前核へのマイクロインジェクションによる遺伝子導入ヒツジ，ブタ，ウサギの形成
1986	ES細胞からの遺伝子導入マウス形成 核移植によるヒツジの形成
1987	マウスES細胞における相同組換え 組換えタンパク質を乳中に分泌する最初の遺伝子導入動物（マウス）の形成 核移植によるウシの形成 マウスによるヒト組織プラスミノーゲンアクチベーターの生産
1988	核移植によるウサギの形成
1989	マウスにおける遺伝子ターゲッティング 核移植によるブタの形成 精子をベクターとするブタの形成
1991	ブタにおけるマウス乳清酸性タンパク質の発現 ヒツジにおけるヒト α_1 アンチトリプシンの発現 ヤギにおけるヒト組織プラスミノーゲンアクチベーターの発現
1995	精子をベクターとする遺伝子導入ウシの形成
1996	培養胚細胞からの核移植によるヒツジの形成 ヒト以外の霊長類ES細胞の樹立
1997	胎仔および成体由来細胞からの核移植によるヒツジの形成 形質転換細胞からの核移植による遺伝子導入ヒツジの形成 ヒト血液凝固第Ⅷ因子のブタ乳中での発現 ヒト細胞外スーパーオキシドジスムターゼのウサギ乳中での発現 ヤギで生産されたアンチトロンビンⅢ，ウサギでの α-グルコシダーゼ第1相試験開始
1998	胎仔繊維芽細胞からの核移植によるウシの形成 分化した細胞からの核移植によるウシの形成 ヒト胚性幹細胞の樹立
1999	胎仔体細胞からの核移植によるヤギの形成
2000	培養体細胞核移植によるヒツジの遺伝子ターゲッティング

ジの寿命は 11〜12 年とされている．

ウシをはじめとする他の家畜でもクローン個体の形成が進められており（図 4・21），特に肉牛についてはわが国でも多数の実施例がある．死産や胎仔の過剰生育，出産直後の死，内臓の異常などが認められることがありまだ解決すべき問題は多いが，これらは今後の技術的な改善により解決可能であると考えられている．

4・3・5 遺伝子導入（トランスジェニック）個体の形成

受精卵，胚細胞，あるいは体細胞から動物個体を形成させる方法は上に述べたように今や公知のものとなった．次の段階は外来遺伝子を染色体に組込み，その情報を発現する個体を形成させることである．それはどのような方法で可能になったのだろうか．表 4・5 に遺伝子導入個体形成関連で用いられた方法ならびに成果がまとめてある．

a. 受精卵を用いた遺伝子導入個体の作出 個体を構成するすべての細胞の遺伝子を一様に改変するためには，受精卵の段階で操作を加える必要がある．マウスの場合，交配 0.5 日目の雌性前核と雄性前核とが合体する前の受精卵を用いる．この卵の雄性前核に極細のガラスピペットを用いて直接微量の DNA を注入するのである（図 4・22）．この方法は**マイクロインジェクション**とよばれ，注入された DNA

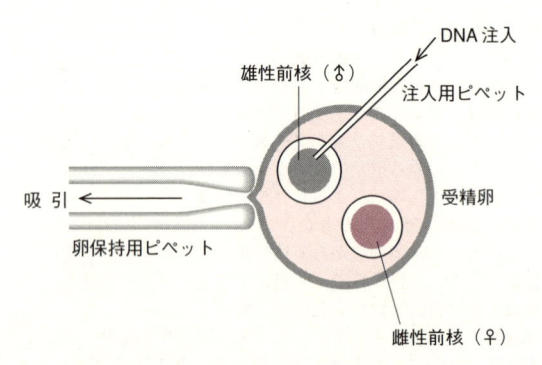

図 4・22 マイクロインジェクションによる受精卵雄性前核への遺伝子導入．
受精卵をピペットの先端で吸引することにより固定し，極細のガラス管を用いて DNA 溶液を受精卵雄性前核内に注入する．

は 1〜5％ の頻度であるが染色体に安定に組込まれる．したがって遺伝子を導入した卵を偽妊娠雌マウスの卵管に戻すことにより，外来遺伝子をもったマウスが誕生

する．遺伝子の組込みは，染色体上の1箇所で生じるが，その部位は任意であり挿入されるコピー数も大きく変動することが観察されている．プロモーターを伴った外来遺伝子が染色体中に挿入された場合は，挿入された遺伝子が発現し新たな形質が加わる（**遺伝子導入**，transgenic）ことになる．また，既存の機能遺伝子の領域すなわち転写調節領域や構造遺伝子内に挿入されると本来機能すべき遺伝子が過剰発現したり，発現しなくなったり，あるいは活性のある産物ができなく（**ノックアウト**，knock out，遺伝子破壊）なったりする．また，調節領域の種類により，特定の組織，細胞でのみ発現するような遺伝子も多いので，そのようなところに挿入された遺伝子は個体中でモザイク状に発現することもある．

導入遺伝子の組込みは通常第1細胞期に生じるため，生まれた個体では生殖系列を含むすべての細胞に導入遺伝子が存在する．したがって，子孫にその状態を伝達することができ，さらにその子孫同士の交配により導入遺伝子をホモに保有する個体の形成も可能である．もちろん，その遺伝子がホモになった場合あるいは挿入により破壊された遺伝子がホモになった場合に致死的であるときは発生の過程で生育が停止し，個体の誕生に至らないことも多い．逆に，そのような胚の発生過程を追跡することにより，当該遺伝子がもつ機能を推定することができるのである．

b. **胚性幹細胞を用いた遺伝子導入個体の作出**　　上述のように，胚盤胞から得た内部細胞塊に由来する培養細胞であるES細胞は，多分化能を保持しており，これを遺伝的に異なる系の個体から得た胚盤胞内に移入するとキメラ個体が形成される．このような個体で，ES細胞が卵や精子をつくる始原生殖細胞に分化すれば生殖系列のキメラとなり，その交配によりES細胞に由来する形質のみをもつ胎仔をつくることができる．

さらに，ES細胞への外来遺伝子の導入にはエレクトロポレーションが使えるので，受精卵におけるマイクロインジェクションに比べるとはるかに容易に遺伝子導入細胞を調製することができる．すなわち，試験管内で選択マーカー遺伝子を含む外来遺伝子，あるいは外来遺伝子と選択マーカー遺伝子を同時に導入し，選択培地でしばらく培養後形成されたコロニーを単離する．さらにサザンブロッティングなどにより目的遺伝子が染色体内に組込まれたことを確認する．こうして得られた遺伝子導入ES細胞を適当な胚盤胞内に移入すると，遺伝子導入キメラ個体を作出することができる．

2001年初頭にヒトのゲノム配列が，そして2002年末にマウスのゲノム配列が明らかにされ，ヒトとマウスでは99％の遺伝子においてそれぞれ対応した遺伝子が

存在することが明らかになった．すなわち，マウスで特定の遺伝子の役割が判明すれば，ヒトにおいても対応する遺伝子が同じ機能をもっていると考えてほぼ間違いないことを示唆している．マウスを用いて特定の遺伝子を破壊したとき，特定の病態あるいは欠陥を示す結果が得られれば，ヒトの疾患に対するモデル動物として発症の機構を解析したり治療法を開発するのにきわめて有用であると思われる．このような特定の遺伝子を破壊すなわちノックアウトするためには，目的とする遺伝子内に破壊用の特定配列を挿入できるような工夫が必要である．このような目的で作製されたDNAが**ターゲッティングベクター**とよばれるものである．

　受容細胞の染色体DNAと関連のない外来DNAを細胞に導入すると，染色体の任意の位置に組込まれる．これを**非相同組換え**による導入という．一方，導入するDNAの一部を特定の遺伝子領域に相補的な塩基配列にしておくと，相同領域が認識されて組込まれ既存の配列と入替わる，すなわち**相同組換え**とよばれる現象が起

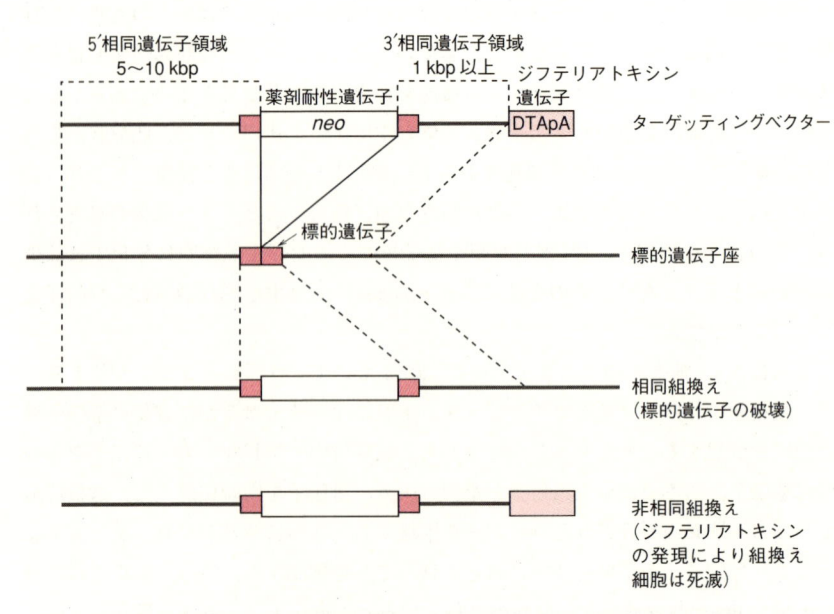

図4・23　相同組換えおよび非相同組換えによる導入遺伝子の染色体中への組込み．相同組換えによる組込みでは，相同領域の外側にある配列部分は染色体中に組込まれないので，ネオマイシン耐性のみが発現する．同時にネオマイシン耐性遺伝子の組込みにより相同領域をもつ遺伝子は破壊される．非相同組換えによる組込みではジフテリアトキシン遺伝子も組込まれるので，その発現により細胞は自殺する．

こる．図4・23に示すように，薬剤耐性遺伝子（ここではネオマイシン耐性遺伝子，*neo*遺伝子；G418抗生物質に耐性をもつ）の両側に，目的遺伝子の5′側および，3′側に相同な塩基配列を含み，相同組換えが起こる配列の外側に**ネガティブ遺伝子**（染色体と相同でない配列からなり，この領域を組込んだ細胞を何らかの方法で検出あるいは排除できる遺伝情報をもつ，ここではジフテリアトキシン遺伝子）をもつDNA断片を調製する．このDNA断片を含むベクターDNAを細胞に導入すると，当該遺伝子と相同の部分で組換えが生じた細胞では薬剤耐性遺伝子が挿入されるのでその遺伝子は破壊される．このときネガティブ遺伝子領域は相同性をもたないから組込まれないのである．導入したDNA断片が非相同的に染色体中に組込まれたときは，すべての遺伝子が挿入されるので，薬剤耐性とともにネガティブ遺伝子も組込まれることになる．図4・23の例でいえば，相同組込みの場合はネオマイシン耐性のみが発現するので導入細胞はG418添加培地で生育する細胞として選択できるが，非相同組込みを経た細胞はネガティブ遺伝子の産物であるジフテリアトキシンの作用により死んでしまうことになる．

このようなターゲッティングベクターを用いて形質導入を行うことにより，特定の遺伝子を破壊したES細胞を調製することができる．そして，そのES細胞を用いてキメラ個体を作製し，ついで得られたキメラ個体を交配させることにより遺伝子ノックアウト個体を取得することが可能となる．

c．体細胞を用いた遺伝子導入個体の形成　§4・3・4で示したように，ヒツジ乳腺細胞由来の核を未受精卵に導入することによりクローン個体が得られたことが契機となって，体細胞を用いたクローン個体の作製が種々の動物種で試みられ，成功例が数多く報告された．多くの場合核ドナー用の体細胞としては胎仔由来の繊維芽細胞が用いられている．

胎仔由来の繊維芽細胞に，目的とする遺伝子と選択用の薬剤耐性遺伝子などを含むベクターDNAをエレクトロポレーションなどにより導入する．薬剤添加培地で選択することにより遺伝子導入細胞を分離し，試験管内で増殖させて染色体中に目的の遺伝子が組込まれていることを確認した後に核移植用の細胞として用いるのである．受精卵の前核にマイクロインジェクションでDNAを導入する§4・3・5aの方法では，導入した遺伝子が染色体に組込まれる割合は約1～5％に過ぎない．どの卵にその遺伝子が組込まれていたか，胎仔の組織を採取して検査するか，実際に仔ヒツジが生まれてみるまで確認できないので時間，労力，費用などの無駄が多く，またほとんどが遺伝子非導入個体という結果となる．一方，体細胞の場合は試

験管内の培養で外来遺伝子を組込んだことが確認された細胞のみを選択し核ドナーとして用いることができるので，最終的に遺伝子導入個体が調製される割合は高くなる．ヒツジの例では，1匹の遺伝子導入個体を得るのにマイクロインジェクションでは51.4匹のヒツジが必要だったが，核移植では20.8匹で済んだと報告されている．また，体細胞を用いた場合は，遺伝子導入細胞を増殖させ，染色体の構成を調べることによりオスかメスかを判定することができる．後述のように，乳中に外来遺伝子産物を分泌させようとする場合には，核移植を行う前にこの判定ができることはきわめて有利であることになる．

4・3・6　遺伝子導入個体による有用物質生産

　上に述べたように，遺伝子導入個体の調製にはいくつかの方法があり，特に受精直後の卵の前核に外来遺伝子をマイクロインジェクションにより導入する方法は無駄が多いが，これまで実施された例数としては最も多い．しかし，最近では遺伝子を導入した体細胞，なかでも胎仔由来繊維芽細胞からの核移植を適用した例が増えているように思われる．

　動物細胞あるいは個体を用いて外来遺伝子産物として生産させる意味のあるものは，生理活性をもったタンパク質である．これらタンパク質は，個体内の組織や器官で過剰に生産されると種々の弊害をもたらすと考えられる．遺伝子導入個体の生育に影響が少ないと思われるのは体外への分泌あるいは排出であり，乳中への分泌は最適の選択であろう．したがって，表4・6に示すように導入遺伝子の発現に用いられるプロモーターとしては一般に，βラクトグロブリン（ヒツジ），βカゼイン（ヤギ），α_{s1}カゼイン（ウシ）のような乳腺細胞で発現するものが用いられている．また，ブタやウサギではマウスの乳清酸性タンパク質のプロモーターがよく使われている．

　導入する遺伝子の構造については，cDNAよりも，ゲノムDNAのほうが安定にまた高レベルで発現することが認められている．この理由はおそらくゲノム中に存在するエンハンサー，特に遺伝子の5′側にある最初のいくつかのイントロン中に含まれるエンハンサー領域の効果にあると考えられる．ただ，ゲノムDNAそのものではあまりに大きくなって通常のベクターでは対応できなくなることがあるので，ゲノムの5′側に位置する調節領域をcDNAに結合したものを作製したり，挿入されるDNAの大きさに対する許容量が大きい酵母あるいは動物細胞由来の人工染色体をベクターとして用いるとよいようである．

4・3 個体の形成と遺伝子の改変

表 4・6 家畜の乳中に生産されるヒトバイオ医薬品[a]

発現されたタンパク質	導入遺伝子の起源	プロモーター	発現量 [mg/ml]
ウ シ			
ラクトグロブリン	cDNA	ウシ α_{s1} カゼイン	ND
ヒト α ラクトアルブミン	NA	NA	2.4
ヤ ギ			
アンチトロンビンIII	NA	ヤギ β カゼイン	14
α_1 アンチトリプシン	NA	ヤギ β カゼイン	20
成長ホルモン	NA	レトロウイルス	1.2×10^{-4}
単クローン抗体（大腸がん）	ゲノム	ヤギ β カゼイン	10
組織プラスミノーゲンアクチベーター	cDNA	ヤギ β カゼイン	6
ブ タ			
血液凝固第VIII因子	cDNA	マウス WAP	3
タンパク質 C	cDNA	マウス WAP	1
ウサギ			
カルシトニン	融合タンパク質	ヒツジ β ラクトグロブリン	2.1
細胞外スーパーオキシドジスムターゼ	cDNA	マウス WAP	2.9
エリスロポエチン	cDNA	ウサギ WAP	0.05
エリスロポエチン	融合タンパク質 cDNA	ウシ β ラクトグロブリン	0.05
成長ホルモン	ゲノム	マウス WAP	0.05
インスリン様増殖因子	cDNA	ウシ α_{s1} カゼイン	1
インターロイキン 2	ゲノム	ウサギ β カゼイン	0.0005
ヒツジ			
α_1 アンチトリプシン	微小ゲノム	ヒツジ β ラクトグロブリン	35
血液凝固第VIII因子	cDNA	ヒツジ β ラクトグロブリン	ND
血液凝固第IX因子	cDNA	ヒツジ β ラクトグロブリン	0.005
フィブリノーゲン	ゲノム	ヒツジ β ラクトグロブリン	5

NA: 情報入手不能，ND: 未決定，WAP: 乳清酸性タンパク質
a) N.S.Rudolph, *TIBTECH*, **17**, 367 (1999).

現在各種の家畜を用いて乳中に分泌させることに成功している生理活性タンパク質には表 4・6 に示すようなものがあり，ヤギで生産されたアンチトロンビンⅢ（血液凝固制御作用をもつ），ヒツジで生産された α_1 アンチトリプシン（プロテアーゼ阻害作用を示し，肺気腫，肺繊維症を対象とする治療効果を期待），ウサギで生産された α-グルコシダーゼ（グリコーゲン蓄積異常症であるポンペ病の治療をめざす）などは，臨床使用のための基礎的検討が進められている．

表 4・7　遺伝子導入個体としてバイオ医薬品生産に用いられる家畜の特性[a]

	ウサギ	ブタ	ヒツジ	ヤギ	ウシ
妊娠期間〔月〕	1	4	5	5	9
性成熟に要する期間〔月〕	5	6	8	8	15
遺伝子導入と最初の乳分泌までの期間〔月〕					
メス　未成熟個体での誘導乳分泌	—	—	9	9	16
自然乳分泌	7	16	18	18	33
オス　未成熟娘個体での誘導乳分泌	—	—	22	22	45
娘個体の自然乳分泌	15	28	31	31	57
産仔数	8	10	1～2	1～2	1
年間乳生産量〔l〕	4～5[†]	300[††]	500	800	8000

[†] 年間2～3回の乳分泌での平均総生産量　　[††] 年間2回の乳分泌での平均総生産量
a) N.S.Rudolph, *TIBTECH*, **17**, 367 (1999).

表 4・8　代表的組換えタンパク質の生産に要する推定必要頭数[a]

タンパク質	推定必要量〔kg/年〕	種	必要頭数
ヒト血清アルブミン	100,000	ウシ	5400
α_1 アンチトリプシン	5,000	ヒツジ	4300
単クローン抗体	100	ヤギ	58
アンチトロンビンⅢ	75	ヤギ	43
血液凝固第Ⅸ因子	2	ブタ	4

年間必要量の相当する推定必要頭数の算出は以下の式に従って行った．

$$必要頭数 = \frac{1.3 \times 総年間必要量〔g〕}{発現レベル〔g/l〕\times 総乳量〔l〕\times 精製効率}$$

1.3の定数は，全体の30%の個体が乳を分泌していない期間にあるとして算定．平均の乳中タンパク質分泌量は5g/lで，タンパク質の回収効率は60%と想定し，必要遺伝子導入個体数を算出した．
　　a) N.S.Rudolph, *TIBTECH*, **17**, 367 (1999).

遺伝子導入動物の種としては，ウサギ，ブタ，ヒツジ，ヤギ，ウシなどが対象となっているが，これらの特性が表4・7にまとめてある．これからわかるように，たとえばウシでは1度の出産で年間8000 l の乳を分泌するから，乳中に目的とするタンパク質を5g/lの割合で分泌させることができれば，ヒト血清アルブミンの年間必要量をまかなうために必要な遺伝子導入ウシの数は5400頭という計算が成り立つ（表4・8）．また，導入遺伝子産物の単位当たりの価格が，細胞培養では100〜1000ドル/gであるのに対し，遺伝子導入ヤギを用いると10〜25ドル/gになると試算されており，その優位さが強調されている．

4・4 再生医療

先天的な異常あるいは感染症や事故の後遺症として，特定の臓器が機能不全に陥ったとき，その臓器を健全なものと交換することにより再び健康体に戻れるとすれば，本人はもちろんのこと周囲のものも何とかそれを実現したいと考えるのも無理からぬことと思われる．臓器移植は遺伝子治療とともにそのような願いをかなえる有力な手段である．現段階では，生体あるいは脳死が認定された提供者からの臓器移植が試みられているが，困難な問題が山積している．患者の数に比べて臓器の提供者が絶対的に不足していること，たとえ提供者が現れたとしても主要組織適合遺伝子複合体（MHC）をはじめとする組織適合性の不一致により必ず移植ができるとは限らないこと，運よくMHCが近似していて移植が成功したとしても拒絶反応を防ぐための免疫抑制剤の長期投与が避けられないこと，免疫抑制剤の使用により感染症，発がんなどのリスクの可能性を無視できないこと，などである．これらの問題点を回避する方策として，培養細胞を用いた臓器の開発すなわち**再生医療**が注目されている．以下に，目的とする細胞あるいは人工臓器の調製がどのように進められてきたかを概観しよう．

4・4・1 カプセルを用いた埋め込み型人工臓器

§4・1で述べたように，個体の臓器や器官から調製した初代培養細胞は，由来する臓器や器官に特有な機能を保持しており，その機能を必要とする患者にとっては有用な細胞である．このような機能は，ヒト由来の細胞に限らず他の動物由来のもので代替することもできる場合がある．たとえば，1990年代半ばに M. J. Lysaght, P. Aebischer らは，仔ウシ副腎由来の生きた細胞を用いて，生産する鎮痛物質により痛みを訴える患者の苦痛をやわらげることができることを見いだした．

ただ，この細胞をそのまま患者に移植するわけにはいかない．ヒトとウシの間には種の相違に基づく組織適合性の不一致があるからである．これを回避するためには，仔ウシの細胞をヒトの免疫系から遮断する必要がある．すなわち，仔ウシの細胞を，栄養素，酸素，細胞の生産する鎮痛物質は通過するが，細胞はもちろんのこと抗原となるタンパク質や抗体のような患者由来の免疫物質などは通さないような小さな孔のあいたチューブの中に封じ込めて患者の体内に埋め込むのである．このような目的で，一般にカプセルを構成するポリマー膜表面孔の直径を，分子量5万の物質が透過できる大きさにすることが試みられている．この大きさだと，免疫グロブリン（最も多量に血液中に存在する免疫グロブリンIgGは免疫グロブリンの中では最小であるが，分子量は約15万ドルトンである）をはじめとする巨大分子は通過できないが，血液中の栄養素や酸素を取込むことが可能であり，かつ細胞の産生する有用分子は通過できるからである．1994年に実施されたこの試みは有効であることが認められ，その後の動物の細胞を用いた**カプセル化療法**の足がかりになった．

a. 初代培養細胞の利用

カプセルに封入する目的の機能をもった細胞は初代培養細胞から得ることができるが，そのような細胞は提供者すなわちドナー個体から直接調製したもので培養により増殖させたものではない．したがって，実験に用いるマウスやラットのような小動物の場合は必要量の細胞を容易に得ることができるが，ヒトをはじめとする大型動物を対象とする場合は大量の細胞が必要となり，現実的には細胞の確保にかなりの困難を伴う．たとえば，インスリン産生能を欠いたマウス糖尿病モデルに対する膵臓ランゲルハンス島を用いたカプセル化療法の試みはすでに1977年に成功しているが，イヌやサルのような大型実験動物では成功していない．そのおもな理由は細胞の調製が困難であることである．すなわち，大型動物などでは70万個のランゲルハンス島か，インスリンを分泌するβ細胞が20億個も必要とされるのである．また，初代培養細胞は増殖力が弱かったり，限られた回数しか分裂する能力をもたなかったりすることが多く培養による調製も難しい．さらに，たとえ細胞が調製できたとしても，このように多量の細胞では体内に埋め込んだ際に血流による酸素や栄養素の供給が不十分となって死んでしまうかもしれない．このような事情から，初代培養細胞に代わって，目的の機能を示す培養細胞すなわち不死化細胞株を樹立し，用いる試みがなされるようになった．

b. 株化細胞の利用

パーキンソン病は，中脳の黒質にあるニューロンが変性・死滅する進行性の難病で，患者は2000人に1人（65歳以上では500人に1人）

と報告されている.ニューロンにより分泌されるドーパミンが減少するために手足が震えたり,体がこわばるという症状が認められる病気である.この治療にはドーパミンの投与が有効であることが認められているが,ドーパミン産生細胞を用いるカプセル化療法の試みもなされている.すなわち,ラットの副腎腫瘍から樹立した細胞株 PC12 細胞は非常に高いレベルでドーパミンを産生・放出することが見いだされたことから,この細胞をカプセルに封入し,ドーパミン産生細胞を破壊したパーキンソン病モデル動物の脳に埋め込んだところ,サルを含む多くの試験動物で症状が著しく改善した.この過程で,PC12 細胞が過剰に増殖してカプセルを破壊するようなこともなく,適度な増殖を続けドーパミンを分泌していたことが認められている.

不死化細胞は前述のように,がん化の手前の段階にある細胞と考えられることから,万一カプセルが破損した際に腫瘍を形成する可能性が指摘されるが,異種間の細胞移植では組織適合性に大きな相違があるために,免疫反応によりただちに破壊されると思われるのでその心配は無用である.また,ヒトの治療にヒト由来がん細胞を用いるような同種間の細胞移植は,カプセル内の細胞がより安定に生存しやすいので推奨される面もあるが,組織中に漏れた際の腫瘍形成の可能性は異種間移植より高くなる.しかしそのような場合においても,前もって移植する細胞に特定の遺伝子操作を加えておくことにより,異種間移植と同じように強い免疫拒絶反応を誘導することができるとされている.

糖尿病の治療を目的とする場合にも,膵臓ランゲルハンス島より得た β 細胞の培養株が調製され,さらに通常の β 細胞よりはるかに大量のインスリンを生産する株が得られれば,移植に必要な細胞数も少なくて済むことになるので,生体内埋め込み型のカプセルを作製することもできるようになるだろう.

c. 増殖因子の利用　肝臓は巨大な化学工場にもたとえられるほど多様な機能を発現している.アルブミンや P450 をはじめとする数多くのタンパク質,酵素群を産生して生理活性物質を合成したり,体内に有毒な物質の無毒化を行うなど,その化学反応の数は 500 にも達するといわれている.肝臓はまた"沈黙の臓器"ともよばれるように,機能の大部分が失われるまで自覚症状として現れないことから,気がついたときには取返しのつかないような状況に至っている場合が少なくない.日本では毎年 4 万人ほどが肝臓疾患で死亡し,肝炎,肝硬変,肝がんなどの患者数は 200 万人以上に達するとされる.肝臓はまた,再生力の強い臓器で部分的に切除しても短期間でもとの大きさに戻ることが知られている.このようなことから,生体肝移植が試みられており,優れた免疫抑制剤の開発とともにその実施例が増えて

いる．しかしながら，絶対数の不足から**人工肝臓**の開発に対する期待も大きい．

ヒトの肝臓は 300 億個もの細胞からできており，これを初代培養細胞から調製することは不可能である．上述のように，肝臓は高い再生能力を示すことから，肝細胞に特有な増殖因子の存在が想定され，その本体として**肝細胞増殖因子**（HGF: hepatocyte growth factor）が中村敏一により 1984 年に分離された．この因子に**上皮増殖因子**（EGF: epidermal growth factor）を共用すると，培養中のヒト成熟肝細胞の 30～40％ が分裂を開始することが示された．さらに効率よく細胞が増殖する条件が得られれば，ヒト細胞を用いる人工肝臓の構築も可能になると思われる．このような人工肝臓を想定した実験的な試みについては以下のような例がある．

1970 年代に，水戸らは単離した肝細胞を脾臓に移植することにより，一部の肝細胞が脾臓内に定着・増殖し肝器官を形成することを報告した．肝臓は複雑な高次構造を有しており，発達した血管系の存在により代謝交換ならびに細胞の生存に必要な栄養・酸素・ホルモン・増殖因子の供給を可能にしてその高度な化学反応を行っ

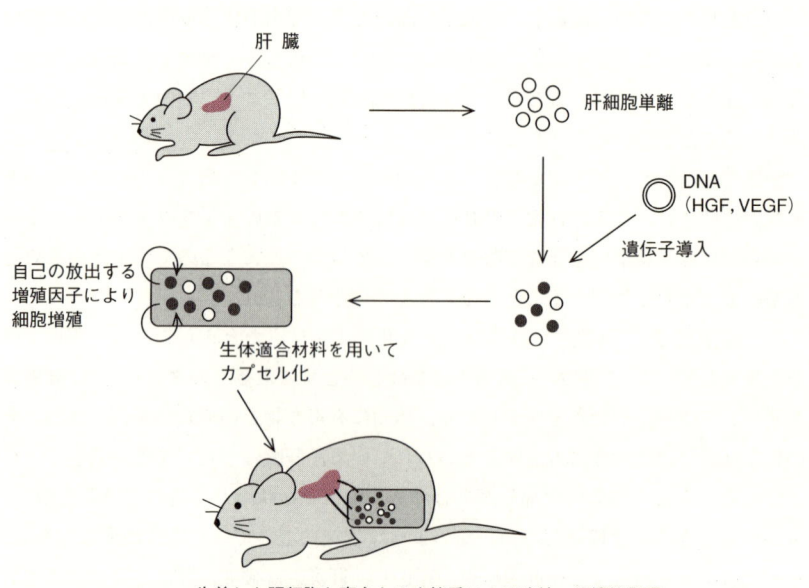

図 4・24　**生体内異所性肝器官の形成．**単離した肝細胞に HGF，VEGF 遺伝子を導入し，足場となるデキストランビーズとともに移植したところ，細胞塊中に血管系の形成が見られた．〔渡辺恵史，赤池敏宏，ファルマシア，**38**, 34（2002）より改変〕

ていると考えられる．このような血管系の発達が見られるのは肝臓と脾臓であることに注目して，赤池らは肝細胞に血管形成誘導能を導入することによりその再生，増殖，組織形成能を促進させることを試みた（図4・24）．すなわち，**血管新生因子**であり，内皮細胞に特異的なサイトカインである **VEGF**（vascular endothelial growth factor, 血管内皮細胞増殖因子）遺伝子を肝細胞に導入後，細胞の足場となるデキストランビーズとともに移植したのである．その結果，移植された細胞塊は生体に生着し，細胞塊中に血管系を形成した．この血管系の形成により移植された肝細胞の生着が促進されるとともに，肝細胞の増殖も確認された．さらにこの系にHGF遺伝子を導入することにより，移植肝組織は生体の約30％にまで成長した．このような"組織"をさらに"臓器"のレベルにまで高めるために，その移植塊をナイロンメッシュのバックに封入しマウス腹腔内に移植したところ，宿主の肝臓から血管系が導入され，移植塊中の肝細胞によりアルブミンが産生されたことを確かめている．

4・4・2 異種動物由来の臓器移植

臓器移植を希望する患者の数に対して圧倒的に少ない臓器ドナー（提供者）の数，あるいは，ドナー臓器に潜在するウイルスや遺伝的欠陥による危険性を避ける意味で，異種動物の臓器を移植する可能性についても研究が進められている．なかでもブタは，その臓器の大きさや機能がヒトのものと近いこと，飼育のノウハウが蓄積していることなどの理由から検討されている．しかし，異種動物であるために移植に伴う拒絶反応はヒト間で行われるものと比較してきわめて重大である．特に，タンパク質に結合している糖鎖の末端にα結合しているガラクトース残基構造が，ブタには存在しヒトおよびニホンザル，アカゲザルなどの旧世界霊長類にはないことは大きな相違点である．これらヒトなどでは，α-ガラクトシル糖に対しては前もって感作されなくても反応する生来の免疫系が備わっており，さらに体内にガラクトース-α-1,3-ガラクトース糖鎖が入るとその抗原に対する抗体が一段と強力に誘導産生されることになる．このような免疫反応は**超急性拒絶反応**とよばれる．

このような超急性拒絶反応を回避する方法の一つとして，この末端ガラクトースの転移反応に関与するα-1,3-ガラクトシル転移酵素の遺伝子をノックアウトしたブタの作出が試みられている．現在のところ相同染色体の中の一方の染色体上にある当該遺伝子のみが破壊されたヘテロの個体が得られたところで結論は得られていないが，ホモの個体が得られた際にどの程度異種移植における拒絶反応が軽減され

るかに関心が寄せられている.

なお,ブタに代表される異種動物由来の臓器を移植に用いるときは,ヒト本来のウイルスに関する危険性はないにしても,ドナー細胞に潜在するウイルスのヒトに対する感染性,危険性などはやはり考慮する必要がある.

4・4・3 体外人工臓器

§4・4・1で述べた埋め込み型の人工臓器は,低分子生理活性物質,ホルモン,サイトカイン,酵素などのように,少量の特定細胞が生産する限られた物質により患者が必要とする量が満足される場合は有力である.また,不死化細胞,さらには遺伝子導入などにより産生量を増大させた細胞株などが得られればカプセルの小型化も可能になると思われる.しかしながら,必要量を満足させるためには多量の細胞が必要である場合や,複数種の細胞から構成され多数の複雑な機能を担当しているような臓器の機能を埋め込み型にするには解決しなければならない多くの問題がある.そのような場合は,目的とする機能をもった細胞系を体外で形成させ,本来の臓器の機能が回復するまでのピンチヒッターとして用いる試みがなされている.

たとえば,劇症肝炎患者の緊急救命用,あるいは肝機能不全に陥った末期患者の

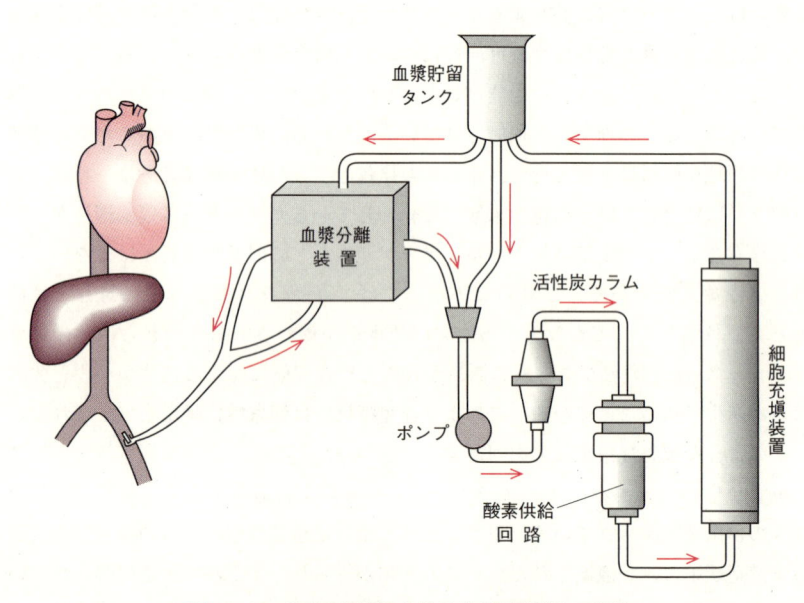

図 4・25 動物の肝細胞を使う体外循環型人工肝臓

延命で，移植できる肝臓が現れるまでの橋渡しとして"体外循環型"の肝機能補助装置が考案されている（図4・25）．この装置では血漿分離装置を経て血球と分離された血漿成分が，活性炭によりある程度の毒性成分除去を受けたのち，酸素供給回路を通過して，肝臓細胞の入ったカートリッジに送り込まれる．この中で血漿中の毒素は肝細胞により無毒化され，代謝交換が行われたのち再び血球細胞と一緒になり患者の体内に戻される．ヒト由来の肝細胞を大量に調製することはできていないので，ブタ肝細胞での代用が考えられている．この方法では，低分子物質の無毒化などに関しては効果が期待されるが，肝細胞が産生するタンパク質では，カプセル膜による透過性の問題や異種細胞に由来する抗原性の有無，さらには異種細胞に潜在するウイルスの可能性など解決すべき課題は多いのが実情である．

4・4・4 胚性幹細胞を用いた器官の再生

§4・3で述べたように，胚発生の過程で胚盤胞の内部細胞塊を構成する細胞は，胎仔を形成するすべての細胞，組織，器官に分化する．また，この細胞は特定のサイトカイン（たとえばマウスでのLIF）の存在あるいはフィーダー細胞との共存により多分化能を保持したまま長期間分裂増殖を繰返すことができる．さらに，このような細胞すなわちES細胞を他の受精卵由来の胚盤胞中に導入することにより，キメラ個体が形成される．このことは，ES細胞に対して胚盤胞の内部にある環境を忠実に再現することができれば，胎仔形成に必要なすべての細胞への分化を試験管内で実現しうることを示している．その最初の段階が**胚葉体**（embryoid body: EB）の形成であり，ついで各胚葉への分化，特異的な機能発現を伴う組織，器官を構成する細胞の形成に至る．実際に，マウスについてはES細胞からいくつかの機能性細胞への分化誘導の可能性が示されている．

マウスES細胞は，LIF非存在下で培養すると胚葉体を形成する．胚葉体では外胚葉，中胚葉，内胚葉の細胞が分化し，1週間ほどすると自律拍動する心筋細胞のクラスターの分化が認められるようになる．胚葉体の発達に伴う転写因子，収縮タンパク質，イオンチャネルなどの発現や特性の変化は，胎生期における心筋細胞の分化をよく再現している．すなわち，9～11日ではペースメーカー型，12～15日では中間型，16～25日では心房筋型，心室筋型，刺激伝導系型の心筋細胞が順次形成される．培養開始8日目の初期分化を終えた細胞の調製がなされているので，今後どのような過程で心筋細胞への分化が調節されているのか，解析が進むと思われる．

VEGF およびその受容体である VEGFR-2 のノックアウトマウスでは，血管内皮細胞が増殖せず血管が発生しないことから致死性である．胎仔期の血管形成は未分化内皮前駆細胞の発生とその成熟化，管腔形成，原始的な血管叢形成，平滑筋細胞などの関与による血管構造の安定化などの複雑な過程を経て進行する．その最初の段階である血管内皮細胞の ES 細胞からの分化は，まず ES 細胞を培養して中胚葉細胞を誘導し，再培養すると VEGF の存在により誘導される．あるいはストローマ細胞株と共存培養することによっても一部の細胞が中胚葉を経て血管内皮細胞に分化する．

さらにマウス ES 細胞をマウス頭蓋骨由来細胞株である PA6 細胞をフィーダーとして用いる共存培養系により，ほぼ選択的に神経細胞へと分化誘導しうることが示されている．このような活性は **SDIA**（stromal cell-derived inducing activity：ストローマ細胞由来誘導活性）と命名されており，間葉系細胞に認められている．実体は明らかにされていないが，この活性により分化させた後の ES 細胞は神経組織マーカー，成熟神経細胞マーカーなどを高頻度で発現しており，中胚葉形成を経ずにほぼ選択的に神経細胞への分化が誘導されたものと思われる．

下等動物では **BMP**（bone morphogenetic protein，骨形成因子）が神経分化を抑制し，表皮分化を促進していることが知られているが，このマウスの系でも同様の現象が観察された．このことから，ES 細胞からの神経細胞分化には SDIA が存在し，かつ BMP が存在しない環境が必要であると考えられる．このようにして誘導された神経細胞には，ドーパミン合成の律速段階であるチロシン水酸化酵素を発現しているものが高頻度で含まれ，ドーパミンを産生していた．この細胞をドーパミン産生細胞を変性させたパーキンソン病モデルマウスに移植したところ，有意に生着した．同じ系をヒトに適用することができれば，現在中絶胎児の中脳や副腎髄質に由来する細胞の移植が試みられている，パーキンソン病重症患者に対する有力な治療法になることが期待される．

前述（§4・3・3）のように 1998 年にヒトの ES 細胞も調製され，その発生過程の解析もなされているが，倫理的な問題もあってあくまでも基礎的な解析が主であり，組織や臓器の形成には至っていない．ただ，乳腺細胞の核を用いたヒツジのクローン個体作出成功以来，家畜を含む各種の動物での体細胞クローンが生まれている．ヒトにおける体細胞を用いたクローン胚形成についても 2001 年に報告がなされた．すなわち，皮膚組織由来の繊維芽細胞の核あるいは卵丘細胞（卵巣で卵ができるときに形成され，排卵後の卵にもくっついている．非常に小さいので核を調製

することなく丸ごとを用いる)を，核を取除いた未受精卵中に導入し，化学物質や増殖因子を加えて卵を活性化する．このようにして初期胚の形成に至った(図4・26)．ただ，この胚は発生過程を継続することなく，早い段階で分裂，増殖を停止

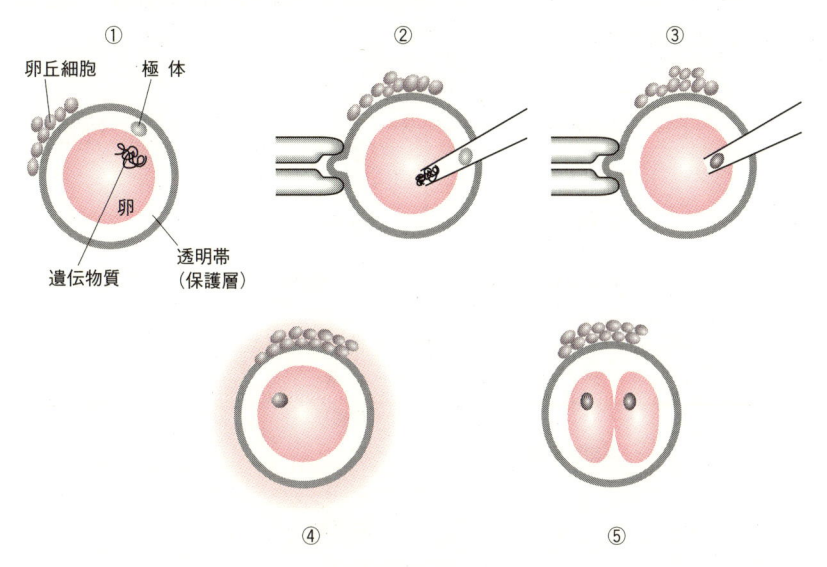

①卵を培養皿で成熟させる．卵には極体や卵巣からついてきた卵丘細胞が付着している．
②ピペットで卵を固定し，細いガラス管で極体と遺伝物質を取出す．
③遺伝物質を取除いた卵の中心に卵丘細胞または繊維芽細胞の核を注入する．
④化学物質，増殖因子の刺激により卵の活性化および細胞分裂を促す．
⑤注入された核または卵丘細胞の遺伝子をもつ細胞が分裂を始める．

図4・26 ヒトクローン胚形成の試み

してしまい胚葉の形成には到達していない．将来この技術が確立されると，患者本人のゲノムをもった胚の形成から，組織や器官を形成させることが可能になると考えられ，再生医療の最大のネックである移植臓器に対する拒絶反応から開放されることになる．しかし，胚形成に未受精卵を必要とすることから，倫理的な問題を含めて解決されなくてはならない問題も多い．

4・4・5 組織幹細胞を用いた再生医療

ES細胞が個体を形成する約200種ともなるすべての細胞に分化しうる万能細胞

であるのに対して，通常は最終分化を終えた細胞群から構成されていて失われたら再生はしないと考えられていた神経組織などにも，予備軍ともいえる幾種類かの細胞に分化する能力を保持したままで増殖している細胞，すなわち幹細胞が存在することが明らかになってきた．これらは**組織幹細胞**あるいは**体性幹細胞**（somatic stem cell）と総称される（図4・27）．

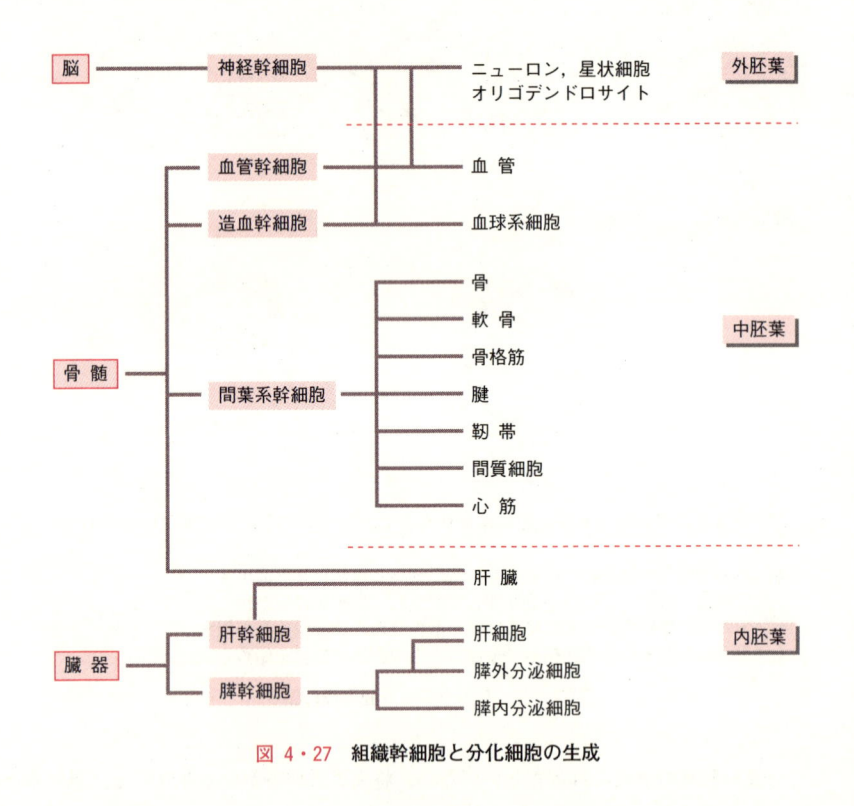

図4・27　組織幹細胞と分化細胞の生成

　代表的なのは，骨髄中にあって血液系の細胞や生体防御系を構成する各種の免疫担当細胞群に分化することができる造血幹細胞である．これらの細胞はたとえば，再生不良性貧血，先天的免疫不全の治療や，白血病に対する全身的放射線療法あるいは化学療法と組合わせた形で移植され，レシピエントの体内で増殖するとともに免疫系を含む各種細胞に分化することにより機能を発揮する．通常は組織適合抗原が一致することが肝要であり，さらに移植後は強力な免疫抑制剤を使用し拒絶反応

を抑えるとともに，移植された細胞が機能を発揮するまでの期間は特に感染症などからの防御体制を徹底させる必要がある．

しかし，上に述べたように，頻度は非常に低いとはいえ，組織内にはその組織を構成するいくつかの細胞群に分化しうる幹細胞が存在することが判明したことから，これら幹細胞を取出し，試験管内で分化能を保持したまま増殖させた後に目的の細胞に分化させることが試みられている．現在研究が進められているのは，マウスを使用したものが大部分であるが，神経幹細胞の分離，間葉系幹細胞からの心筋細胞の誘導，膵幹細胞からのインスリン産生 β 細胞への分化，血管幹細胞からの血管形成の誘導などがなされている．

このような組織幹細胞からの特定細胞の誘導が可能になれば，患者細胞をもとにして増殖分化した細胞による移植ができるわけで，やはり移植に伴う拒絶反応などの心配がなくなることになる．さらに，体外で細胞を増殖させる過程で，特定の遺伝子を導入すれば，遺伝的な欠陥を補った患者由来の細胞を供給することができる．

4・4・6 遺伝子治療

特定の遺伝子の欠陥に由来することが明らかにされている疾病は，その遺伝子を正常のものと入替えることができれば完全に治癒させることができるはずである．細胞レベルでの遺伝子導入法はすでに確立しているから，それを適用することによりこのような遺伝性疾患を克服しようとする試みが遺伝子治療である．

最初の例は 1990 年に**アデノシンデアミナーゼ**（adenosine deaminase：ADA）**欠損症**に対して行われた．ADA 欠損ではアデノシンの 6 位にあるアミノ基の脱アミノができなくなることから，細胞内デオキシアデノシン三リン酸などの濃度が上昇し，細胞障害が生じて重症の免疫不全症となる．W. F. Anderson らは，患者からリンパ球を採取し体外で目的の遺伝子を導入した後，再び患者に戻すことにより治療を行った．このような方法を *ex vivo* 法とよぶが，体外での培養が可能であり，効率のよい遺伝子導入ができる末梢血リンパ球，骨髄幹細胞などが利用されている．わが国でも 1995 年から ADA 欠損症に対する遺伝子治療が試みられている．

さらに，b-FGF（塩基性繊維芽細胞増殖因子），VEGF（血管内皮細胞増殖因子），HGF（肝細胞増殖因子）などの，血管新生作用を示すサイトカイン遺伝子を含む DNA を，筋肉内へ直接投与する動脈硬化治療，ウイルスベクターに組込んだがん抑制遺伝子（*p53*, *BRCA-1* など），サイトカイン遺伝子や抗原遺伝子などを投与

する方法によるがん治療についても臨床研究が進められている．

4・4・7 再生医療と生命倫理

a. 研究対象としてのヒト試料をめぐる生命倫理　これまでは，実際の再生医療に向けての研究や技術開発がどのように進められ，どのようなことが可能になったか，また可能になりつつあるかといった観点から述べてきた．現在では，大部分が実験動物についての基礎的知見の収集段階にあるとはいえ，原理的にはヒトにも適用しうる技術が開発されてきたことが理解できたことと思う．クローン人間の形成も技術的には可能かもしれない．それでは，ヒトを対象とする研究はどの点まで科学の名のもとに進めることが許されるのだろうか．多くの人が納得できる限界はあるのだろうか．このような問題が生命倫理の面から検討されている．

ヒト試料を扱う研究の倫理指針には三つの柱がある．

1. 提供者への研究計画の説明に基づいた自発的承諾
　（インフォームドコンセント）
2. 第三者倫理委員会による研究計画の事前審査と事後評価
3. 個人情報の保護

ヒトの細胞や組織を研究の対象とするときは，その細胞，組織の提供者に対して研究内容や目的を説明し，本人の納得のもとに試料の提供を受けなければならない．通常，提供者はボランティアであり，将来の医療あるいは科学の発展のためには有用でありえても，提供者自身には直接の利益とならないことが多い．したがって，自発的な承諾は欠くことができない．

他方，研究者は通常，自身の科学的な興味，使命感そしてあるときは利益目的から研究を計画するわけで，その意図は独善的である可能性がないとはいえない．特にヒトの組織などを対象とする研究では，提供者と研究者の関係は，必ずしも対等でない場合も想定される．したがって，当事者とは独立した第三者による倫理審査委員会を設定し，その判断に基づいた結論を尊重すべきである．そして，その審査においては，たとえば構成員に外部の有識者，および市民の立場の者，女性を入れるなど，"倫理と科学の両面から" なされるべきであることが指摘されている．

さらに，試料を提供した個人がその研究結果などから特定されることのないよう，個人情報は注意深く保護される必要がある．

b. 臓器移植と生命倫理　再生医療の実施形態である臓器移植では，必ず臓

器提供者（ドナー）と受容者（レシピエント）がある．将来的には，ES細胞由来の臓器や，胚由来の臓器，あるいはヒト以外の動物由来の臓器が使われることになるかもしれないが，現段階でのドナーはレシピエント以外のヒト個体である．

わが国では1997年に"臓器の移植に関する法律"が施行され，脳死が確認された個体からの臓器移植が可能となった．この法律では"脳死は脳幹を含む全脳の機能が不可逆的に停止するに至ったと判定されたもの"とされている．それまで死の認定は，心臓の停止，呼吸停止，瞳孔の拡大・対光反射消失の三つの兆候をもって行うことが一般であったから，脳死によって死と判定し，まだ心臓の動いている身体から臓器を摘出することに対する抵抗感は大きく，この法律の成立にあたって多くの議論がなされたことは記憶に新しい．法律成立以降，生前に臓器提供の意志を文書によって表示し，遺族がそれに同意したときには，遺体からの臓器提供がなされることになっている．

臓器移植には，一卵性双生児などの特殊な例を除いては必ず拒絶反応があるから，ドナーとレシピエントの間に存在するMHC（主要組織適合遺伝子複合体）の差異の少ない組合わせの出現頻度を上げるためには，なるべく多くのヒトの登録が望まれる．しかしながら，登録する人が増えているとはいえ，現実にはその数は未だ十分に大きくはないようである．

そのような大きな壁があるとはいえ，優れた免疫抑制剤の開発と相まって，親子，兄弟，夫婦などの近親者をはじめとする生体や，脳死者をドナーとする臓器移植の数は増えつつある．そして，移植が実現していなかったら不可能だった健常人並みの生活が可能になる例も珍しくなくなっているのである．

さて，ヒト胚に関する研究はどのように扱われているだろうか．ヒトクローンの作製は一般にどの国でも禁止されているが，平成12年3月の旧厚生省"ヒト胚性幹細胞を中心としたヒト胚研究に関する基本的考え方"では，それまで止められていたヒトクローン胚の作製が"核の初期化"を研究するために必要であるとして認められた．これには将来の再生医療への期待が込められていると考えられるが，胚のどの段階をヒトとしての生命が始まるとするか，で意見が分かれる．また，体細胞核と除核未受精卵を用いてつくられた胚を用いることも，卵を用いることに問題があるとされている．

ES細胞からの臓器誘導も将来的には可能になるかもしれないが，その際にもMHCの相違による拒絶反応は避けられない．

組織幹細胞については，もし幹細胞の調製が可能で，それから目的とする臓器を

構成する細胞への分化，さらには臓器形成を誘導することができるようになれば，他の個体を傷つけることもなく，原理的に拒絶反応も生じないことから理想的な再生医療素材となると期待されている．

　ヒト試料を用いた，あるいはヒトを対象とする研究と，その成果の医療への応用のありかたについては，"人間の尊厳をどのように考えるか"，そしてまた"自分がどのような状況に置かれているか"によってまったく異なる結論に至る可能性がある．生命に対する考え方も百人百様で，統一した見解を得ることは難しいと思われる．たとえば，あなたは自分の生命に対する考えが以下のどれに該当するか，と問われたときにどのように答えるだろう．一般論としての立場と，自分がその状況になったとしたときとで同じことが言えるだろうか．そしてその考えは周囲の人と同じだろうか．

① ヒトにはそれぞれ寿命があるのだから，胚を含む他の個体からの臓器を受容してまで生命を延長すべきではない．
② 善意のドナーが出現したら，その好意を受けて延命したい．
③ 自身の組織幹細胞による再生臓器が入手できるのなら利用したい．
④ 提供された卵細胞と，自身の体細胞を用いてつくられた胚からの再生臓器ができるなら利用したい．
⑤ ヒト以外の動物由来の臓器でも，効果があるなら移植を受けたい．

　再生医療はこのように人ごとに異なる倫理感覚を常に考慮しつつ発展せざるをえない宿命を負っているといえるであろう．

　再生医療に関連する資料は以下のURLから入手できる．
- ヒトを対象とする医学研究のあり方について "ヘルシンキ宣言"
  http://www.med.or.jp/wma/ からのリンク
- ヒトクローン胚の取扱いについて
  http://www8.cao.go.jp/cstp/tyousakai/main.html
- 遺伝子治療の現状について
  http://www.nih.gov/ からのリンク

参 考 図 書

1) 野島 博 著, "ゲノム工学の基礎", 東京化学同人 (2002).
2) 別府輝彦ほか 編, "細胞機能研究のための低分子プローブ", 蛋白質 核酸 酵素 増刊, Vol.38, No.11, 共立出版 (1993).
3) D. J. Mooney ほか 著, 吉里勝利ほか 訳, "特集 組織工学 人体を再生する", 日経サイエンス, **29**(7) (1999).
4) 室田誠逸ほか, "特集 再生医療", ファルマシア, **38**(1), 日本薬学会 (2002).
5) 中辻憲夫 監修, "特集 ES 細胞の分化制御と再生医学", 細胞工学, **20**(7) (2001).
6) J. B. Cibelli ほか, "再生医療に挑むヒトクローン胚", 日経サイエンス, **32**(2) (2002).
7) 岡野栄之, 中辻憲夫 編, "再生医療へと動き始めた幹細胞研究の最先端", 実験医学 増刊 Vol.21, No.8, 羊土社 (2003).
8) 中辻憲夫ほか, "特集 人体をつくる 再生医療の挑戦", 日経サイエンス, **33**(6) (2003).
9) 浅島 誠ほか, "特集 器官・形態形成から再生へ", 実験医学, **21**(9) (2003).
10) 斎藤成夫, 横山和尚, "胚性幹細胞の細胞工学的応用と多分化能の分子機構", 化学と生物, **40**, 82 (2002).
11) 新井賢一ほか, "特集 遺伝子診断・遺伝子治療", ファルマシア, **38**(5) (2002).
12) A. Dove, "Milking the genome for profit", *Nature Biotechnol.*, **18**, 1045 (2000).
13) N. S. Rudolph, "Biopharmaceutical production in transgenic livestock", *TIBTECH*, **17**, 367 (1999).

索引

あ～う

IRGSP　125
IFN（インターフェロン）　141
IGF（インスリン様増殖因子）
　　　　141
アーキア　5, 30
アクチベーションタギング　80
Agrobacterium tumefaciens　72
アグロピン　73
アゴニスト　146
アスパラギン酸生合成系　43
アセチルサリチル酸　119
アセトシリンゴン　75
アテニュエーション　36
アデノシンデアミナーゼ（ADA）
　欠損症　185
アパティキュラードメイン　97
アブシジン酸　98, 103
アベナルミンⅠ　116
アポプラスト　119
アミノグリコシド系抗生物質
　　　　44
アミノ酸発酵　41
アミノプテリン　157
2-アミノプリン　19, 34
アラビドプシス（→シロイヌ
　ナズナ）　120
Ri プラスミド　77
R 遺伝子　112
RANKL　149
RNA ウイルス　108
RNA 腫瘍ウイルス　144
RNA ポリメラーゼⅡ　14
ROS（活性酸素種）　95
rol 遺伝子　77
RT-PCR　27
α_1 アンチトリプシン　173, 174

α_{s1} カゼイン　173
α ラクトアルブミン　173
アルファルファ　127
アルブミン　141
アロステリックタンパク質　36
アンタゴニスト　146
アンチトロンビンⅢ　173, 174
安定形質転換株　154
アントラニル酸ホスホリボシル
　トランスフェラーゼ　49
Δ6,7-アンヒドロエリスロマイ
　　　　シン C　45

ES 細胞（→胚性幹細胞）　162
　　──株の樹立　163
EST　122
硫黄の循環　65
イオンホメオスタシス　101
異化物抑制　36
育　種
　優良菌株の──　32
Eagle の最少基本培地　139
EGF（上皮増殖因子）　141, 178
一酸化窒素　119
イディオトローフ　45
遺伝暗号表　13
遺伝子
　──の構造と転写　12
　──の増幅　155
遺伝子組換え　20
遺伝子組換え生物　129
遺伝子シャフリング　44
遺伝子対遺伝子説　112
遺伝子治療　185
遺伝子導入　22, 154, 169
遺伝子導入個体　168
　──による有用物質生産
　　　　172
　──の形成技術　167
遺伝子破壊　169
イ　ネ　92

イネ黄斑病ウイルス　109
イネゲノムプロジェクト　125
EPSPS　104
EPO（エリスロポエチン）
　　　　141, 156, 173
イポメアマロン　116
医薬品
　ヒトバイオ──　173
in situ コラゲナーゼ灌流法
　　　　138
in silico のクローニング　122
インスリン　141, 152
インスリン様増殖因子　141,
　　　　173
インターフェロン　109, 141,
　　　　153
インターロイキン　141
インターロイキン 2　173
インドール-3-酢酸　83
イントロン　16
インフォームドコンセント　186

ウイルス抵抗性　106
ウイルスフリー　85
ウイルスフリー植物　85
ウ　シ
　──のクローン　166
埋め込み型人工臓器　175

え，お

栄養外胚葉　161
栄養剤散布　57
栄養生殖能　133
液性免疫　147
ex vivo 法　185
エキソン　16
液胞　7
エクトイン　102

索引

AGI 122
SAR（全身獲得抵抗性） 118
SS (suspended solids) 53
SOS シグナル 115
SCF（幹細胞増殖因子） 141
SDIA 182
エストロゲン 141
SV40 144
エチルメタンスルホン酸 19
エチレン 119
HeLa 細胞 145
HAT 培地 157
HL60 細胞 145, 151
HGF（肝細胞増殖因子） 141, 178
HGPRT 157
HVJ 27
ADA 欠損症 185
ATP 合成酵素欠損株 48
NIA 90
N 遺伝子 112
NGF（神経成長因子） 141, 151
$NPR1$ 118
NBS（ヌクレオチド結合部位） 113
エネルギーチャージ 36
ABA（アブシジン酸） 98, 103
エピトープ 157
Avr 遺伝子産物 112
FM3A 細胞 145
FK-506 148
FGF（繊維芽細胞増殖因子） 141
MsrA1 110
MHC（主要組織適合遺伝子複合体） 136, 175
M-CSF（マクロファージコロニー刺激因子） 149
MTX（メトトレキセート） 156
エリシター 115
エリスロポエチン 141, 156, 173
エリスロマイシン誘導体 45
LIF（白血病阻害因子） 162
LRR（ロイシンリッチリピート） 113
LEA タンパク質 98
LT_{50} 97
LPS（リポ多糖） 147
エレクトロポレーション 23
塩生植物 100

エンハンサー 14
ORF（オープンリーディングフレーム） 14
岡崎断片 20
オーキシン 83, 84
オーキシン生産遺伝子 74
2-オキソグルタル酸デヒドロゲナーゼ複合体 41
オクトピン 73
オートクレーブ 10
D-オノニトール 102
オパイン 73
オープンリーディングフレーム 14
オペレーター 12
オペロン 14
(2′-5′)オリゴアデニル酸シンターゼ 108
オルガネラ 6
オルソログ 124
オールドバイオテクノロジー 69

か 行

カイネチン 84
外膜 6
化学的酸素要求量 53
核 6
核様体 5
過酸化水素 119
花色変異 81
カゼイン 173
活性酸素 95
滑面小胞体 6
過敏感反応 112
カブクリンクルウイルス 113
カプセル化療法 176
ガラクトース残基 179
カルシトニン 173
カルス 85
がん化 144
がん化細胞 143
環境浄化 52
環境耐性植物 94
幹細胞 184
肝細胞増殖因子 141, 178
幹細胞増殖因子 141

肝実質細胞 138
肝実質細胞分離法 138
干渉現象 109
肝臓 177
——を構成する細胞の調製 137
がん治療 186

気泡塔 51
キメラ 161
キメラ個体 162
キモシン 153
逆転写酵素 27
キャップ 16
QTL マッピング 126
共生微生物 66
共存培養 149
キラー細胞 134

クラウンゴール 72
グラム陰性 6
グラム陽性 6
グリシンベタイン 102
グリセロール-3-リン酸アシルトランスフェラーゼ 95
グリホサート抵抗性 104
グリホシネート 106
グリーン化学原料 58
グリーン化学製品 59
グリーンケミストリー 58
グルカナーゼ 115
グルココルチコイド 141
α-グルコシダーゼ 174
グルコース効果 36
グルタミン酸発酵 37
クレノウ断片 22
クローニング（→クローン化，クローン形成）
  遺伝子の—— 25
  細胞の—— 142
  体細胞を用いた—— 164
クローニングベクター 22
クローン 142
  ——ヒツジ 164
  ウシ—— 166
  ヒト—— 187
クローン人間 186
群体 3

形質転換 22, 72, 144
形質転換細胞 143

索引

茎頂培養　85
K562 細胞　145, 150
血液凝固第Ⅷ因子　173
血液凝固第Ⅸ因子　173, 174
血管新生因子　179
血管内皮細胞増殖因子　179
血小板由来増殖因子　141
血　清　9, 140
解毒酵素遺伝子　110
ゲノミクス　125
ゲノムプロジェクト
　　植物——　120
原核生物　5
原油流出事故　57

コアクチベーター　15
高温ストレス　99
光学活性体　60
抗菌タンパク質　110
抗原決定基　157
抗生物質発酵　43
構造遺伝子　13
好中球　134
酵　母　154
酵母エキス　9
古細菌　5
cos 細胞　145
枯草菌　6
個　体
　　——の形成と遺伝子の改変　159
骨芽細胞　149
骨吸収　148
骨吸収因子　149
骨形成　148
骨形成因子　182
骨代謝　148
コートタンパク質　107
コトランスフォーメーション　72
コドン　14
コドン表　13
コラゲナーゼ　138
コルク切片　1
ゴルジ体　6
コロニー　142
コロニー刺激因子　141
コンカナバリン A　147
混　栽　120
昆虫防除
　　天敵による——　115

コンディションド・メディウム　142
根頭がん腫病菌　72
コンパクション　160
コンピテント　22
コンフルエント　143
コンポスト化　54
根粒菌　128

さ, し

細　菌　5, 29
最少必須培地　140
再生医療　175
再生可能資源　58
サイトカイニン　84
サイトカイニン生産遺伝子　74
サイトカイン　135, 141
サイブリッド　91
細　胞　1
　　——の元素組成　8
　　——の構造　7
細胞外スーパーオキシドジスムターゼ　173
細胞外マトリックス　137
細胞株　144
細胞質雑種　91
細胞質雄性不稔　91
細胞傷害性 T 細胞　134
細胞小器官　6
細胞成長因子　141
細胞性免疫　147
細胞内輸送　18
細胞表面抗原　136
細胞分化
　　——の系譜　161
細胞壁　7
細胞膜　6
細胞融合　27, 88
再利用経路　158
サイレージ発酵　54
サイレンサー　14
殺　菌　9
殺虫タンパク質遺伝子　110
サリチル酸　117, 119
サリチル酸 β-グルコシド　119
サルベージ合成経路　159
酸素移動速度　52

3T3 細胞　145
CRT/DRE 配列　98
Cry タンパク質　110
CSF（コロニー刺激因子）　141
CHO（チャイニーズハムスター卵巣）細胞　145, 156
cADP リボース　119
CNX　90
GFP（緑色蛍光タンパク質）　155
GMO（遺伝子組換え生物）　129
COR 遺伝子　98
cos 細胞　145
GOX（グリホサートオキシドレダクターゼ）　105
COD（化学的酸素要求量）　53
codA 遺伝子　99
色素体　7
シキミ酸経路　105
シグナル伝達物質　119
シクロスポリン A　148
cGMP　119
支持細胞　142, 162
糸状菌耐性　115
シストロン　13
cDNA　25
CTLL-2 細胞　145
CP（コートタンパク質）　107
GPAT 遺伝子　95
CBF 遺伝子　98
ジヒドロ葉酸レダクターゼ　155
社会的受容　129
社会微生物学　62
ジャガイモウイルス X　113
弱毒ウイルス　109
ジャスモン酸　117, 119
シャトルベクター　22
ジャーファーメンター　10
シャフリング　44
臭化メチル　103
集　落　142
宿主域　77
宿主細胞
　　——の特徴　153
樹状細胞　134
受精卵
　　——を用いた遺伝子導入個体の作出　168

索 引

腫瘍壊死因子　141
主要組織適合遺伝子複合体
　　　　　　　　136, 175
受容体　152
腫瘍転換　144
腫瘍誘導因子　73
硝酸レダクターゼ欠損株　90
上皮増殖因子　141, 178
除　菌　9
植物細胞　7
　——組織培養　82
除草剤抵抗性　103
初代培養細胞　134
ショ糖　9
G418　155, 171
シロイヌナズナ　98, 120
　——ゲノムプロジェクト
　　　　　　　　　　121
　——と低温順化　98
真核生物　5
　——の遺伝子構造　14
真　菌　30
神経芽腫細胞　151
神経成長因子　141, 151
人工肝臓　178
人工種子　87
人工臓器
　　埋め込み型——　175
　　体外循環型——　180
新生経路　159
真正細菌　4, 30

す〜そ

水平遺伝子移動　77
水平共進化　77
スクリーニング　38, 146
スケールアップ　51
スターター　54
ストレス耐性　92
ストレスホルモン　103
ストレプトマイシン生産菌　34
ストローマ細胞由来誘導活性
　　　　　　　　　　182
スーパーオキシド　95, 119
スーパーバグ　56
スプライシング　16
3T3 細胞　145

生化学的酸素要求量　53
制限酵素　20
　——による DNA の切断　21
生体肝移植　177
生体内異所性肝器官　178
成長因子　141
成長ホルモン　173
生命倫理　186
生理活性物質　146
　——の作用機構　152
セカンドメッセンジャー　117
石油分解菌　57
接触阻害　142
ゼノバイオティクス　56
セルソーター　88, 137
繊維芽細胞増殖因子　141
全身獲得抵抗性　118
喘息治療薬　146
センダイウイルス　27
選択マーカー　154
線　虫　128
セントラルドグマ　11
全能性　4, 133
選　抜
　——による育種　32
　　融合産物の——　88
全有機炭素　53
臓器移植
　——と生命倫理　186
　　異種動物由来の——　179
桑実胚　160
増殖因子　141
相同組換え　170
組織幹細胞　5
　——を用いた再生医療　183
組織プラスミノーゲンアクチ
　　　　　　ベーター　173
ソマトスタチン　152
粗面小胞体　6
ソルビトール　102

た　行

第一次スクリーニング　146
第 1 相試験　146
耐塩性植物　100
ダイオキシン　56
体外循環型人工臓器　180

体外人工臓器　180
耐乾性植物　103
体細胞
　——を用いた遺伝子導入個体
　　　　　　　　の形成　171
第 3 相試験　146
代謝系相補　90
　——による選抜法　90
代謝工学　37
代謝制御　35
対称融合産物　91
耐暑性植物　99
体性幹細胞（→組織幹細胞）　5
大腸菌　6
　——の遺伝子構造　12
耐凍性植物　96
第二次スクリーニング　146
第 2 相試験　146
堆肥化　54
第 4 相試験　146
大量生産型化学品　61
大量培養　83
耐冷性植物　94
ダウノマイシン　151
多核破骨細胞　149
タキソール　83
タギング
　アクチベーション——　80
　T-DNA——　80, 123
　トランスポゾン——　126
ターゲッティングベクター
　　　　　　　　　　170
多細胞生物　3
脱感作変異株　43
タバコ野火病菌　110
タバコモザイクウイルス　107, 112
多分化能　162
ターミネーター種子　131
単球系細胞　135
単クローン抗体　173, 174
　——の生産　157
　——の調製法　158
単細胞生物　3
探索（→スクリーニング）
　　優良生産菌の——　32
炭素の循環　64
タンパク質 C　173

チアリシン　43
窒素の循環　64

チミジン　157
チャイニーズハムスター卵巣細胞　156
中心体　7
チューリップ　129
超急性拒絶反応　179
直接導入法　72

通気撹拌槽　51

TIP（腫瘍誘導因子）　73
Tiプラスミド　73, 74
DHFR（ジヒドロ葉酸レダクターゼ）　155
TNF（腫瘍壊死因子）　141
DMSP　102
TMV（タバコモザイクウイルス）　107, 112
TOS17　126
TOC（全有機炭素）　53
低温順化　97
低温傷害　95
低温耐性　94
抵抗性遺伝子　112
T-DNA　74
——の両端の反復配列　76
　Riプラスミドの——　77
T-DNAタギング　80, 123
DDT　56
3-デオキシ-D-*arabino*-ヘプトロソン酸 7-リン酸合成酵素　49
6-デオキシエリスロマイシン　45
適合溶質　102
デキサメタゾン　141
テロメア　142
テロメラーゼ　143
電解質漏出率　97
電気穿孔法　23
転写後遺伝子サイレンシング　109
転写調節遺伝子　13
転写調節配列　14
天　敵
　——による昆虫防除　115

糖
　——の蓄積と低温順化　97
凍結回避　96
凍結耐性　96

凍結抵抗性　96
糖尿病　177
動物細胞　7
——の調製　134
——の特性　133
——の培養　139
——の利用　145
動脈硬化　185
トウモロコシ　93
土壌汚染　58
突然変異　17
ドナー-レシピエント体細胞雑種　91
トバト　91
ドーパミン　177
トマト黄化壊疽ウイルス　109
トランスジェニック個体　168
トランスジェニック植物　80
トランスフェクション　24
トランスフェリン　141
トランスフォーム　144
トランスポゾン・タギング　126
ドリー　165
トリプトファン発酵　49
トレハロース　102

な 行

内部細胞塊　161
ナチュラルキラー細胞　134
軟腐病菌　110

ニトロソグアニジン　19, 34
二本鎖RNA　108
乳酸発酵　40
乳清酸性タンパク質　173
ニューバイオテクノロジー　70

ヌクレオチド生合成　159

ネガティブ遺伝子　171
根腐病菌　110
熱ショックタンパク質　100
ネマトーダ　128
粘着末端　20

農　薬
　環境にやさしい——　104

ノックアウト　169
ノバリン　73
野火病菌　110
2-ノルエリスロマイシン　45

は, ひ

排液処理システム　53
バイオ医薬品　173
——生産に用いられる家畜の特性　174
バイオオーグメンテーション　57
バイオスティミュレーション　57
バイオマス　58
バイオレメディエーション　56
廃水処理　52
胚性幹細胞　5, 162
——を用いた遺伝子導入個体の作出　169
——を用いた器官の再生　181
培　地　7
　植物細胞培養用の——　82
　動物細胞培養用の——　139
バイナリーベクター　78
胚発生　161
胚盤胞　160, 163
ハイブリマイシン　45
培　養　7
　植物細胞の——　83
　動物細胞の——　139
培養細胞
　——を用いた生理活性物質の探索　146
　——を用いた有用物質生産　152
胚様体　85, 181
培養棚　156
培養タンク　10
パーキンソン病　176, 182
パクリタキセル　83
破骨細胞　149
破骨細胞分化因子　149
バーチャル植物　125
白血病　150
白血病阻害因子　162
発現ベクター　22

索引

発酵生産　37
発酵槽　51
HAT培地　157
パーティクルガン　24, 72
Banase　82
パラログ　124

BRCA-1遺伝子　185
PEG（ポリエチレングリコール）　25
BMP（骨形成因子）　182
非塩生植物　100
ビオチン　39
BOD（生化学的酸素要求量）　53

p53遺伝子　185
B細胞　134
ビサチン　116
PCR（ポリメラーゼ連鎖反応）　25
PC12細胞　145, 151
PCB（ポリ塩素化ビフェニル）　56
微生物　29
　——による物質生産　31
　ヒトと——　65
微生物修復　56
微生物製剤　57
微生物促進法　57
微生物添加法　57
脾臓
　——からの免疫担当細胞調製　135
　——細胞の幼若化反応　148
非相同組換え　170
非対称融合産物　91
ヒツジ
　クローン——　164
PTS（ホスホトランスフェラーゼ系）　47
PTH（副甲状腺ホルモン）　148
PTGS（転写後遺伝子サイレンシング）　109
PDGF（血小板由来増殖因子）　141
Btタンパク質　110
ヒトクローン　187
ヒトクローン胚　183
ヒト血清アルブミン　174
ヒト成長ホルモン　153
ヒトバイオ医薬品　173
ビトロネクチン　141
ヒポキサンチン　157
ヒポキサンチン-グアニンホスホリボシルトランスフェラーゼ　157
P4レベル　66
HeLa細胞　145
ピルビン酸発酵　46
vir領域　75, 78

ふ～ほ

VEGF（血管内皮細胞増殖因子）　179, 182
フィーダー細胞　142, 162
フィトアレキシン　115
フィードバック阻害　35
フィードバック抑制　36
フィブリノーゲン　173
フィブロネクチン　141
封入体　154
フォーカス　144
フォーカス形成　143
副甲状腺ホルモン　148
複合プラスミド　56
不死化細胞　143
不死植物　103
物質循環　63
物理的封じ込め　66
物理的封じ込めレベル　67
プラスチック平板　140
プラズマ細胞　134
プラスミド
　Ri——　77
　Ti——　73, 74
　難分解物質の分解に関与する——　57
プラスミドレスキュー法　123
プログラム死　112
プロスタグランジン　141
プロセシング　18
ブロック変異株　42
プロテオミクス　125
プロテオーム　125
プロトコーム　86
プロトプラスト　24, 88
　——からの植物体再生　89
プロフラビン　19, 34

5-ブロモウラシル　19, 34
プロモーター　12
プロリン　97, 102
分化全能性　84
分化多能性　162
分裂酵母
　——のpacI配列　108
平滑末端　20
平板　140
Heyfrickの限界　142
ベクターDNA　22
βカゼイン　173
βラクトグロブリン　173
ペチュニア　81
ヘテロ　162
ペニシリン　33
ペニシリン生産菌　34
ペプチドグリカン　6
ペルオキシソーム　6
ヘルパーT細胞　134
変異株　32
変異剤　34
変異誘発化合物　19
胞胚腔　160
ホストレンジ　77
ホスフィノトリシン抵抗性　106
ホスホトランスフェラーゼ系　47
ボニー　165
骨　148
ポマト　91
ホモ　162
ホモセリン要求株　42
ポリ(A)　16
ポリエチレングリコール　25
ポリ塩素化ビフェニル　56
ポリケチド系抗生物質　44
ポリシストロン　13
ポリシチン　117
ポリメラーゼ連鎖反応　25
ホルモン　141
ポンペ病　174

ま　行

マイクロアレイ　125

索引

マイクロインジェクション 24, 168
マイクロプロジェクタイル 24
マイトジェン 147
マウス胚
　——の初期発生過程 160
膜透過性 41
膜輸送系 101
マクロファージ 134, 136
マクロファージコロニー刺激因子 149
マスタードガス 34
慢性骨髄性白血病 150
マンニトール 102

ミトコンドリア 6
ミヤコグサ 127

無血清培地 140
Murashige-Skoog 培地 82

メトトレキセート 155
メリクローン 86
免疫系細胞
　——の調製 135
免疫担当細胞 134
免疫ネットワーク 147

毛根病菌 77
モノクローナル抗体→
　　　単クローン抗体
モノシストロン 16

や〜わ

野菜工場 87

融合法 24
雄性不稔 82
雄性不稔株 92

陽イオン性抗細菌性ペプチド 110
幼若化 147
葉片法 79
葉緑体 7

ラクトアルブミン 173
ラクトグロブリン 173
ラクトフェリン 141
ラミニン 141
ラン科植物 86
卵丘細胞 182
ランダム変異 33

リアーゼ 60
リガーゼ 20
リガンド 152
リシン発酵 42
リスク評価
　微生物の—— 66
リソソーム 6
リナロール 117
リーフディスク法 79
リボソーム 6
リポ多糖 147
リポタンパク質 141
リボヌクレアーゼL 108, 109
リポフェクション 25
緑色革命 130
緑色蛍光タンパク質 155
Linsmaier-Skoog 培地 82

ルーメン発酵 54

レスベラトロール 115, 116
レトロトランスポゾン 126

ローラーボトル 156
rol 遺伝子 77

ワサビ 55

永井 和夫
1941年 東京に生まれる
1964年 東京大学農学部 卒
東京工業大学 名誉教授
中部大学 名誉教授
専攻 細胞工学,微生物学
農学博士

長田 敏行
1945年 長野県に生まれる
1968年 東京大学理学部 卒
現 法政大学生命科学部 教授
東京大学 名誉教授
専攻 植物生理学,植物分子生物学
理学博士

冨田 房男
1939年 北海道に生まれる
1962年 北海道大学農学部 卒
1968年 McMaster大学博士課程(分子生物学)
修了
現 放送大学 客員教授
北海道大学 名誉教授
専攻 微生物バイオテクノロジー,分子生物学
Ph. D.

第1版 第1刷 2004年6月2日 発行
第3刷 2012年5月1日 発行

応用生命科学シリーズ 2
細 胞 工 学 の 基 礎

Ⓒ 2004

著 者　　永 井 和 夫
　　　　　冨 田 房 男
　　　　　長 田 敏 行

発行者　　小 澤 美 奈 子

発　行　　株式会社 東京化学同人
東京都文京区千石3丁目36-7(〒112-0011)
電話 03-3946-5311・FAX 03-3946-5316
URL: http://www.tkd-pbl.com/

印 刷 中央印刷株式会社
製 本 株式会社 青木製本所

ISBN 978-4-8079-1421-0
Printed in Japan

応用生命科学シリーズ

編集代表　永井和夫

1	応用生命科学の基礎	永井和夫・松下一信・小林　猛 著 2520 円
2	細胞工学の基礎	永井和夫・冨田房男・長田敏行 著 2520 円
4	植物工学の基礎	長田敏行 編 2520 円
6	タンパク質工学の基礎	松澤　洋 編 2940 円
8	生物化学工学	小林　猛・本多裕之 著 2520 円
9	バイオインフォマティクス	美宅成樹・榊　佳之 編 2520 円

価格は税込